U0908758

中国武夷茶与茶食

岑晓华　林丽莉　◎编著

海峡出版发行集团 THE STRAITS PUBLISHING & DISTRIBUTING GROUP | 鹭江出版社

《中国武夷茶与茶食》编委会

一起致敬人与自然！

大红袍

序　一

中国茶与新质生产力

中国茶文化对人类文明产生了源远流长而又多元化的影响。

茶文化源自中国，已有数千年历史。从最初的药用到后来的饮用与礼仪，茶逐渐成为日常生活的一部分。

通过丝绸之路和海上贸易，茶传至亚洲、欧洲乃至全球，形成了各具特色的茶饮文化。茶不仅是一种饮品，还成为文明交融的桥梁。在此过程中，茶文化带来了对自然和生命的尊重，茶在艺术、文学和哲学等领域孕育了茶禅一味、茶道精神等文化精髓，为人类提供了超越物质的精神满足。

茶文化对社会礼仪与人际关系产生了积极的推动作用，在茶席中交流往往能营造出一种平等与和谐的氛围，使人们在共同的品茗体验中加深理解。中国茶文化在全球范围内被广泛接受，成为连接不同文化的纽带。茶不仅丰富了人类文明的饮食版图，更让人类在追求健康、自然与内在平衡的过程中找到共鸣，传递和谐与共生的理念，为推动全球跨文化理解与健康生活方式的普及作出了不可磨灭的贡献。

在全球化背景下，中国茶产业正处于转型与创新的关键时刻，挑战与机遇并存。传统茶文化的精神内涵，如平和、内省和回归自然的生活方式，依然深受尊重。科技创新、绿色生态生产、研发与多元化产品、文化与品牌创新、文化旅游与体验经济、社区赋能与共享经济，新质生产力正在推动茶产业从传统农业向现代化产业演进，为茶产业在全球化和消费升级背景下提供持久的增长动力。

如何从传统的茶产业向现代化商业模式转变，在传统产业传承中找到新的商业增长点，并在现代消费市场中展现吸引力和新的活力，《中国武夷茶与茶食》提供了茶产品和服务形式的创新，是对传统茶文化价值新的诠释。书中启发我们如何在快速变迁的市场中将传统价值现代化，使中国茶产业在新时期实现长久的可持续发展。

适逢中欧国际工商学院建院三十周年，校友们陆续返回母校参加系列活动，前几日我非常高兴地收到晓华送来她与林丽莉教授合作编著的即将出版的《中国武夷茶与茶食》样书。中欧的校友群体在多元的文化环境中接受国际前沿的管理知识，在中国和全球的经济环境中汲取实践经验，探索如何在全球视角下推动本土创新和跨文化合作，他们正在推进所处领域在经济、社会和环境各方面的综合发展，积极影响中国及世界，而武夷茶与茶食就是其中的一个缩影。

中欧国际工商学院组织行为学教授、
拜耳领导力教席教授、副教务长（欧洲事务）
忻榕
2024 年冬，上海

巖韻

序　二

武夷山很近

武夷山独特的自然景观和深厚的文化底蕴，自古便是人们的心灵栖息之地，我心早已向往之。

2023年春天，我到福州参加中欧国际工商学院的年度首场全国思创会，与晓华探讨中国茶产业的创新和数智化转型，有幸走进武夷山。在品味一盏又一盏武夷茶时，家家户户的茶香与热情凝结着岁月与匠心，让我体验这片土地的深情，感受到武夷山的灵魂所在。

《中国武夷茶与茶食》将武夷山细致道来，从茶与茶食的历史源流到武夷茶与茶食的搭配，为读者勾画了一幅中国传统文化与现代生活传承、发展的美丽景象。书中将“中国武夷茶”与“茶食”结合，有不一样的切入视角和贡献。在当前我们追求多层次美好生活的时代，可能开辟一条新的商业机会与路径，对推动未来茶产业的创新性发展有着特别重要的意义。

《中国武夷茶与茶食》是一种生活方式的倡导，非常赞赏书中传达的一种理念，健康、雅致、对未来负责任。我们在繁忙的生活中，不妨放慢脚步，走进武夷山，静下心来体会人与自然带来的快乐。正如宋代诗人黄庭坚所言：“烹茶留客驻金鞍。月斜窗外山。”无论是独自一人还是与亲朋好友相聚，都能在茶香中找到属于自己的天地。

《中国武夷茶与茶食》描绘了一个国际茶社区，为未来城市的形态提出了见解。多元文化的共融，技术赋能的连接，可持续发展的推动，跨界融合的实验性，共同发展的价值观，国际茶社区将成为一个多维度的创新系统，既保持了传统茶文化的根基，又通过社会创新使武夷山在当代具备更广泛的影响力和吸引力。

来吧，计划一场说走就走的旅行！其实，武夷山很近。

中欧国际工商学院战略学教授
陈威如
2024 年冬，上海

目录

第一章

在山水间邂逅武夷茶

本章概述

在武夷山水之间，
邂逅两千多年以来一方水土的人与事。
可能是因为一杯武夷茶了解武夷山，
也可能是到过武夷山爱上武夷茶。

第一节
武夷山是此生必须到达的旅行目的地

可能在很久以前知道武夷山，心向往之，但是还从未曾抵达，也可能是来了很多次之后还是又来。武夷山一定是此生必须到达的旅行目的地。

但是到一次显然是不够的。

武夷山位于福建省西北部、闽赣两省交界处，介于东经117°37′22″—118°19′44″、北纬27°27′31″— 28°04′49″之间，保存了世界同纬度带最完整、最典型、面积最大的中亚热带原生性森林生态系统。武夷山前身为崇安县，建置于北宋淳化五年（公元994年），1989年8月经国务院批准撤县建市，是一个以名山命名的城市。1999年12月，武夷山被联合国教科文组织批准列入世界自然与文化遗产名录，成为中国首批“双遗产”地之一[1]。2021年10月，习近平主席在《生物多样性公约》第十五次缔约方大会上宣布正式设立武夷山等5个国家公园。

武夷山具有丰富的历史文化遗存。早在新石器时期，古越人在此繁衍生息。

4000多年前，武夷山形成了“古闽族”文化和其后的“闽越族”文化，至今溪畔的悬崖绝壁上还遗留着3000多年前的架壑船棺和“虹桥板”等[2]。

始建于公元前202年的汉代闽越王城遗址经过多年的考古勘探与重点发掘，发现城墙、城门、宫殿、作坊等遗迹，出土陶器、砖瓦、铁器、铜器等大量文物[3]，是迄今为止我国南方发现的面积最大、保存最好、唯一被列入“世界遗产”名录的汉城遗址，在中国和世界建筑史上占有重要地位。

南朝时，文学家江淹在《江文通集·序》中说：“爰有碧水丹山，珍木灵芽，皆淹平生所至爱。”

在唐代，唐玄宗（李隆基）时期（712—756）大封天下名山大川，武夷山也受到封表，并刻石记载[4]。还明令保护山林，不准砍伐。

宋代，武夷山集儒、释、道于一身，被儒家称为“闽邦邹鲁”，道家称为“升真元化洞天”。历史上记载的书院、寺庙、宫观达187处，亭台楼阁117座[4]。北宋著名词家柳永诞生在这里，南宋著名理学家朱熹曾在这里生活、著书、讲学长达50年，朱子理学在这里萌芽、成熟、传播[5]。范仲淹、陆游、辛弃疾等历代名人都在此留下许多赞美武夷山的诗词文赋。

武夷山是全球生物多样性保护的关键地区，发育有明显的植被垂直带谱，几乎囊括了中国所有的亚热带原生性常绿阔叶林和岩生性植被群落[6]。境内有众多多样性基本完整的林带，是中国亚热带森林和中国南部雨林多样性面积最大、最具代表性的例证。

武夷山已知植物种类3700多种，是整个欧洲大陆的7倍。已知动物种类5100多种，是世界著名的珍稀、特有野生动物的基因库[7]。现已发现或采集的野生动植物模式标本近1000种，其中：植物模式标本产地57种；野生动物新种中的昆虫模式标本779种，脊椎动物模式标本产地56种。武夷山丰富的种质资源为中外科学家和研究机构所关注，19世纪，英、法、美、奥地利等国学者就进入武夷山采集标本，现在仍有大量模式标本保存在伦敦、纽约、柏林、夏威夷等地的著名博物馆内。

武夷山国家公园森林覆盖率约为96.7%，高覆盖率得益于当地良好的生态保护措施等诸多原因。武夷山麓中有众多的清泉、飞瀑、山涧、溪流。九曲溪是武夷山的主要河流，发源于武夷山自然保护区黄岗山南麓，全长62.8公里，流经景区9.5公里，山环水抱，水绕山行，两岸分布着36奇峰、99岩，气势雄伟，千姿百态，玉女峰、大王峰是代表性景点。

武夷山是全国200多处丹霞地貌中发育最为典型者。这里四季气温较均匀、温和湿润。年平均气温约12℃~13℃，1月均温约为3℃，7月均温约为23℃~24℃；年降水量在2000毫米以上，降水量丰沛；负氧离子平均含量为每立方厘米80000~90000个。空气清澈，气候十分宜人。

山水之间的人与事，更是必须来武夷山打卡的重要理由。

第二节
爱上武夷茶

武夷山是世界乌龙茶和红茶的发源地。武夷茶作为中国茶文化的重要部分，展现了深厚的历史底蕴和独特的地方特色，反映了中国茶的悠久传统和不断演变的现代性。

自闽越王无诸以来，武夷茶便开始了它的历史旅程。古汉城遗址数以万计的陶器里，有大量茶具（茶壶、茶杯）[8]，证实汉代闽越国先民种茶饮茶的事实。

唐代，僖宗时期中书舍人孙樵在《送茶与焦刑部书》中提到了武夷岩茶，以诗赋咏武夷，将其茶比作“晚甘侯”[9]，意喻其珍贵非凡。武夷茶为当时社会上层赏识而颇具知名度。

孙樵《送茶与焦刑部书》：“晚甘侯十五人遣侍斋阁，此徒皆请雷而摘，拜水而和，盖建阳丹山碧水之乡，月涧云龛之品，慎勿贱用之。”[10]

唐时，武夷茶也称“研膏”“腊面”，加工精致，价同黄金，开始少量作为贡茶。唐光启年间武夷茶已成为“分赠恩深 ”之珍品。

徐夤将武夷春色与茶香融入诗行，在他《尚书惠蜡面茶》的诗中：“武夷春暖月初圆，采摘新芽献地仙。飞鹊印成香蜡片，啼猿溪走木兰船。金槽和碾沉香末，冰碗轻涵翠缕烟。分赠恩深知最异，晚铛宜煮北山泉。”[11]

宋代，是武夷茶文化的黄金时代。

宋代，武夷山为朝廷重视，数度派员投放金龙玉简，委任官员提举冲佑观 。越来越多的文人雅士到武夷山游历。北宋太平兴国初年，朝廷特置龙凤模印[12]，遣使到建州和武夷山一带，监造龙凤团茶以别于一般庶饮。

“北苑茶”是宋代产于北苑的皇家贡茶[13]。欧阳修在他的《归田录》中这样记录了北苑茶：“凡二十饼重一斤，其价值金二两，然金可有，而茶不可得”。可见“北苑茶”是多么的贵重。

北苑位于建安今建瓯市东峰镇。宋代在此设立全国唯一的官方茶园和茶事管理机构，专门生产和管理供皇宫御用的茶叶[14]。

宋徽宗的《大观茶论》、蔡襄的《茶录》、宋子安的《东溪试茶录》、黄儒的《品茶要录》、熊蕃父子的《宣和北苑贡茶录》、赵汝砺的《北苑别录》等为代表的一批茶学专著为中国茶文化的发展奠定了理论基础。诗人云集，茶诗百咏，武夷茶文化在宋代文人墨客的笔下，达到了艺术的巅峰。

民国《崇安县新志》：“宋时范仲淹、欧阳修、梅圣俞（臣）、苏轼、蔡襄、丁谓等从而张之，武夷茶遂驰名天下。”[15]

宋代茶诗飘香，超过千首，艺术水平相当高，如苏东坡、苏辙、王安石、曾巩、黄庭坚、司马光、欧阳修、蔡襄、梅尧臣、辛弃疾、陆游、李清照、朱熹、范仲淹、李纲、范成大、杨万里、陆九渊等，每一位诗人，都以其独特的视角和情感，赋予茶诗以灵魂。这些文人学者，不但在中国文化史上独树一帜、影响深远，而且也对宋代的政治、经济、文化产生重大作用。

范仲淹的《和章岷从事斗茶歌》更是一首影响千古的茶诗[16]，诗中将武夷茶的美妙之处娓娓道来，描绘的不仅是茶的色、香、味，更是一种超然物外的境界，一种心灵与自然和谐共鸣的体验。从茶叶的生长到采摘，再到最终的品饮，每一步都蕴含着对美好生活的向往和对自然法则的敬畏。

宋朝南渡以后，武夷山成为理学名山。著名学者会聚山中，斗茶品茗，以茶促文，以茶论道。

朱熹《茶灶》："仙翁遗茶灶，宛在水中央。饮罢方舟去，茶烟袅细香"[17]

文人雅士在品饮、咏赞武夷茶的同时，把它作为一种游艺，由此点茶、分茶（百戏）等高雅的茶艺形式纷纷出现并逐渐盛行[18]。

当年聚合于武夷山的儒士、僧侣和道家，大多能躬耕茶园，精于茶叶制作，茶事由之大兴。

元代大德六年，高兴（福建路招讨使行右副都元帅）的儿子高久住，在武夷山九曲溪畔创立皇家焙茶局，称"御茶园"[19]。武夷岩茶正式成为进献朝廷的贡品，入贡时间长达255年。

明代，随着朱元璋颁布"罢龙团，改制散茶"的诏令，武夷茶改蒸青团饼茶为散茶[20]，武夷茶叶生产有了更大的发展。永乐三年（1405）至宣德八年（1433），郑和七下西洋，携带大量武夷茶作为与外国交往的礼品，推开茶叶外销之门。

明代，武夷茶的香气跨越了国门，漂洋过海，走向了广阔的世界。正山小种，这一红茶的鼻祖，在这个时期诞生。

万历三十五年（1607），荷兰人首次购到由厦门运去的武夷红茶，并辗转到欧洲，英国通过东印度公司从中国大量进口武夷红茶，这使得武夷茶在欧洲大陆声名远播，成为连接东西方文化的纽带，开启了武夷茶文化国际化的新篇章。

明末清初，山西商贾千里迢迢到武夷山买茶山和收购茶叶运往欧洲腹地销售，形成一条以武夷山下梅村为起点的“万里茶道”。

晋商开辟的“万里茶道”，是古代中国、蒙古、俄国之间以茶叶为大宗商品的长距离贸易线路，是一条重要的国际商道[21]。“万里茶道”以武夷山的下梅村为起点，总长13000余公里，经江西、湖南、湖北、安徽、河南、河北、山西、内蒙古等地，向北穿越戈壁草原，进入现蒙古国境内，到达中俄边境的通商口岸恰克图，连接了亚洲大陆南北方向农耕文明与草原游牧文明的核心区域。茶道在俄罗斯境内继续延伸，从恰克图又传入中亚和欧洲其他国家[22]。

“万里茶道”使武夷茶芳华远扬，成为俄罗斯人，以及中亚和东欧人喜爱的东方饮料，自此，武夷茶的影响力传播至世界的每一个角落[23]。

“万里茶道”不仅促进了人员流动、信息流通和文化传播，也带动了沿线城市的兴盛。

清代，武夷茶迈进了辉煌的时代[24]。此时武夷茶的制作技术有了重大突破，出现了介乎红茶和绿茶之间的乌龙茶（现在广为人知的武夷岩茶），武夷山成为乌龙茶的发源地。武夷岩茶半发酵工艺所制出的茶叶兼有清香、甘醇，得到世人的认同和好评，其他茶区也群起效尤。

清朝之初，一位名叫释超全的僧人，在他的《武夷茶歌》中留下了珍贵的记载——诗中所记的“先炒后焙”的岩茶制法，呈现了成熟的武夷岩茶制作技艺[25]。这是武夷岩茶制茶工艺最早的文字记录，更是乌龙茶历史的重要里程碑，为乌龙茶的起源留下了宝贵的史料。

康熙二十八年（1689），英国东印度公司开始从厦门直接收购武夷茶，由海上茶路运往英国，武夷茶成为英国王公贵族上流社会的偏爱之物。

英国进步的浪漫主义诗人、文学家拜伦（1788—1824）的文学成就顶峰，是他创作的诗体小说《唐璜》，荣幸的是，武夷红茶也被诗人拜伦写入他的杰作中。拜伦在《唐璜》中写道："我一定要去求助于武夷的红茶，真可惜酒却是那么地有害，因为茶和咖啡使我们更为严肃。"[26] 从拜伦的诗句中，足见武夷红茶的魅力所在。武夷红茶传入欧洲后，对英国人饮料消费观念形成了巨大的冲击。

拜伦的这几句诗，对武夷山来说具有世界历史意义，因此，民国时期编写的《崇安县新志》，也将拜伦与武夷红茶一事载入其中。

乾隆《冬夜煎茶》："就中武夷品最佳，气味清和兼骨鲠"。

鸦片战争结束时，广州、潮州、漳州、泉州、厦门等茶帮兴起，北上茶叶之路为海上茶路代替，武夷茶分别从广州、厦门、福州等口岸大量销往世界各地，成为世界普及性的饮料。

18 世纪，英国人在殖民扩张过程中将武夷山红茶的茶种和种植技术引入斯里兰卡（当时称为锡兰）[27]，为当地的农业结构带来了变革，茶叶迅速成为斯里兰卡经济的支柱产业，开启了茶产业的蓬勃发展，使其成为全球红茶市场的重要参与者，并对当地经济和社会发展产生了深远的影响。

清咸丰年间，台湾南投县鹿谷乡人林凤池从武夷山带回 36 株乌龙茶苗，成为后来台湾乌龙茶的重要起源。

武夷茶也引起科学界的关注。

1940 年开始，吴觉农、张天福、蒋芸生、王泽农、庄晚芳、陈椽、李联标等当代“中国十大著名茶叶专家”，在武夷山创办中央茶场和茶叶研究所，揭开了现代武夷茶生产和研究的序幕[28]。武夷茶成为生产和科研探索的对象，其魅力与价值在现代社会得到了新的诠释。

1960 年，武夷山成立崇安县茶叶科学研究所，正式开始对大红袍的无性繁育研究工作。

1972 年美国总统尼克松访华，毛泽东主席送给尼克松一个小香囊，里面装着四两武夷山大红袍茶叶。尼克松接过这轻飘飘的礼物后，脸上流露出诧异的不解，旁边的周恩来总理观察到了尼克松的表情，解释道：总统先生，这可不是普通的茶叶，这是中国顶级的名茶武夷山大红袍，产自悬崖峭壁上的野生古茶树，全中国只有六棵树，一年只能收获八两茶叶，无比珍贵，也是毛主席最心爱的，他等于一下子把“半壁江山”都送给你了！

20 世纪 80 年代初，武夷山科技人员对大红袍进行无性繁殖并开始在岩区试种推广。1994 年，武夷山市茶科所主持的《大红袍岩茶无性繁殖及加工技术研究》，其繁育的无性后代较好地保持了母本的优良性状，通过福建省科委组织的成果鉴定。

2006 年 5 月，武夷岩茶（大红袍）制作技艺列入首批国家非物质文化遗产代表性项目名录[29]。2008 年 10 月，“乌龙之祖，国茶巅峰”—— 武夷山绝版母树大红袍送藏国家博物馆。2022 年 11 月 29 日，武夷岩茶（大红袍）制作技艺列入联合国教科文组织人类非物质文化遗产代表性项目名录。

海峡两岸茶业博览会从2007年开始举办[30]，历经十六届，从第四届开始固定在武夷山举行。这个博览会是中国极具影响力的茶业盛会，已成为海峡两岸及茶业界重要的交流平台，一年一度，吸引全国和世界各地的茶业企业、涉茶机构和爱茶人如期而至。

2021年3月22日，习近平总书记在武夷山考察时指出：要把茶文化、茶产业、茶科技统筹起来，过去茶产业是你们这里脱贫攻坚的支柱产业，今后要成为乡村振兴的支柱产业[31]。

2024年10月22日，习近平总书记在俄罗斯喀山指出：大约400年前，联通两国的“万里茶道”正是从喀山经过，将来自中国武夷山地区的茶叶送至俄罗斯千家万户[32]。

在武夷山，每一片茶叶都承载着历史的沉淀，每一泓茶汤都蕴含着文化的精粹，每一杯武夷茶都在叙述武夷茶事的繁华和鼎盛。让我们相约武夷山，细品这千年的茶香，感受这份超越时空的文化韵味。

第三节
国际茶社区

武夷山市人民政府提供数据，武夷山总面积为2802.71平方公里，常住人口290675人。2023年，全市旅游人数超过1550万人次。每年造访武夷山的人数可观，来自世界各地的朋友在此与武夷茶深情邂逅。

武夷山几乎家家户户都和茶有关系，放眼望去，茶园、茶庄园、茶厂、茶店、茶馆、茶工坊、茶器馆、茶美术馆、窑址、茶食茶宴和茶文创空间、茶研究所、茶交易所、茶主题民宿等分布了整个武夷山的各个街区和村社。

茶是武夷山的生活方式。从各国各地络绎不绝到来的人们迅速融入这里的风土人情，他们在武夷山旅行、居住和创业，自然形成了一个浓厚文化氛围的国际茶社区。在这个大社区中，大家分享茶的香醇，也分享各自的经历与梦想。市集、茶会和沙龙间的互动触及不同的主题与领域，彼此提供多元的视角与体会，增进理解与合作。

今天的武夷山宛若一幅生动的山水画卷。

乘坐竹排漂流于蜿蜒的九曲溪，沿途山峦叠翠，云雾缭绕，像是置身仙境。在这里，时间似乎凝固，耳边仿佛能听到朱熹的九曲棹歌，排工的武夷山故事里，都有氤氲的茶香。

在九龙窠母树大红袍景区和三坑两涧的岩骨花香漫游道，六株大红袍母树静静伫立见证武夷茶悠久的历史与传承，三坑两涧则展现了武夷山得天独厚的茶树生长环境。武夷茶与自然界的紧密依存关系令人震撼，让人深刻感受天地间生生不息的生命力量。

夜幕降临时，由张艺谋、王潮歌和樊跃“铁三角”印象艺术团队创作的《印象大红袍》大型实景演出则是一场视觉与听觉的盛宴。星空之下，以世界遗产地的山水为幕，以武夷茶为主题，演员们将武夷山的历史和文化生动呈现，让人仿若穿越时空，亲身体验那段辉煌的历史。

武夷“好 City！”

从春季的喊山开始，“茶发芽”是当地茶农一年的期待。采茶季的忙，可以让一个地方的人放下所有的出访，如果有朋友从外地到武夷山，也会一起去茶山和茶厂，彻夜不眠，沉浸在茶香里，是另一种醉。

“山盟海誓 恋在武夷”“520”专题活动，武夷的好山好水年年都给新人们送上最美好的祝福。

夏季的焙茶，是匠人的历练。焙茶的间隙，去桐木，山间清凉，溯溪而上，走着走着，前面又是一个茶厂。

最美武夷秋，桂子飘香。当年的岩茶刚刚退了火气，煮水泡茶，茶坊、溪边、茶园、山里，选任何地方都是可以的。武夷山拥有丰富的徒步路线，适合不同水平的 Hikers。每年秋季的高尔夫球赛、马拉松、山径赛、自行车赛、自驾游、户外运动嘉年华，茶园是必经的路线。

大安分水关的第一场雪开始，是武夷山的冬天。大街小巷的围炉煮茶是一城的暖，新友老友，只要有茶，都是欢乐的聚。

无论何时来武夷山，热情的武夷山人会邀请你一起坐下喝自家的好茶。武夷山地区还有许多需要你去探秘的地方，那些不仅是观赏的风景，更是与人对话的深邃的主体，带领每一位爱上武夷山的人走进由武夷茶带来的种种感悟。

参考文献

[1] 马元柱：《武夷山“双世遗”资源与闽北区域经济的发展》，《福建论坛（经济社会版）》，2000 年第 12 期。

[2] 黄胜科：《从武夷悬棺看古闽族文化》，《福建史志》，2019 年第 5 期。

[3] 高炳康：《越王城、闽越王城、东越王城的研究》，《闽江学院学报》，2006 年第 1 期。

[4] 董天工：《武夷山志》，江苏，江苏古籍出版社，2000 年。

[5] 刘秀萍：《朱熹在武夷山史迹考》，《福建文博》，2014 第 2 期。

[6] 丁晖：《武夷山中亚热带常绿阔叶林样地的群落特征》，《生物多样性》，2015 年第 4 期。

[7] 肖敬禹：《武夷山地区生物多样性研究进展》，《武夷科学》，2021 第 2 期。

[8] 杨琮：《论闽越国重镇——闽北及武夷山闽越王城》，《武夷文化学术研讨会论文集》，2002 年。

[9] 巩志：《“甘晚侯”与“晚甘侯”辨》，《中国茶叶》，2008 年第 7 期。

[10] 黄贤庚：《武夷茶，文人茶》《福建茶叶》，2012 年第 6 期。

[11] 周圣弘：《徐夤〈尚书惠蜡面茶〉对晚唐五代武夷茶文化的呈现》，《世界文学评论（高教版）》，2014 年第 1 期。

[12] 吴巩志：《武夷茶史话二则》，《福建茶叶》，2005 第 3 期。

[13] 杨义东：《建窑建盏与宋代武夷茶文化》，《中国陶瓷》，2008 第 10 期。

[14] 罗婵玉：《北苑茶文化探源》，《中国茶叶》，2020 年第 10 期。

[15] 刘超然：《崇安县新志》，福建，鹭江出版社，2013 年。

[16] 王绍梅：《〈和章岷从事斗茶歌〉赏析》，《中国茶叶》，2015 第 4 期。

[17] 朱杰人：《朱子全书，第二十册》，上海，上海古籍出版社，2002 年。

[18] 徐睿瑶：《释宋代的“分茶”和“点茶”——兼释“茶”与“汤”》，《云南农业大学学报（社会科学）》，2020 年第 5 期。

[19] 叶俊士：《元代江浙行省茶叶生产述略》，《南宁职业技术学院学报》，2021 年第 2 期。

[20] 周东平：《简论明代制茶、饮茶法的变革》，《中国茶叶》，2020 第 11 期。

[21] 石文娟：《论万里茶路与晋商文化》，《商场现代化》，2016 第 2 期。

[22] 王帆程：《晋商在万里茶道的作用》，《福建茶叶》，2023 第 11 期。

[23] 张影：《寻找被遗忘的茶叶之路——试论 19 世纪中叶以前中俄茶叶贸易》，《考试周刊》，2012 第 41 期。

[24] 倪郑重：《乌龙茶的历史》，《茶叶科学简报》，1985 第 3 期。

[25] 周圣弘：《释超全的〈武夷茶歌〉研究》，《农业考古》，2015 第 2 期。

[26] 拜伦等英：《唐璜》天津，天津人民出版社，2008 年。

[27] 林更生：《斯里兰卡及其茶文化》，《农业考古》，2011 年第 5 期。

[28] 巩志：《张天福与武夷岩茶》，《农业考古》，2009 第 5 期。

[29] 李润琪：《从非物质文化遗产角度谈武夷岩茶的历史与传承》，《农业考古》，2014 年第 2 期。

[30] 《首届海峡两岸茶业博览会》，《福建茶叶》，2008 年第 1 期。

[31] 新华网：《习近平察看武夷山春茶长势：把茶文化、茶产业、茶科技这篇文章做好》，http://www.xinhuanet.com/politics/2021—03/23/c_1127243161.htm，2021.3.23。

[32] 新华社：《“时代的风浪越大，我们越要勇立潮头”——习近平主席赴俄罗斯喀山出席金砖国家领导人第十六次会晤纪实》，https://www.xuexi.cn/lgpage/detail/index.html?id=15844106672642712205&item_id=15844106672642712205，2024.10.26。

第二章

从先民们的药食同源开始说起

本章概述

中国茶食文化从先秦药食同源至当代创新风尚的演变。初期，茶作为药用和食用未明区分，反映早期药食同源观念。魏晋时期，茶逐渐成为独立饮品，茶食文化初步形成。唐宋时茶食文化达到高峰，展现社会对生活品质的追求。元明清时，茶食多样化，显示文化融合。当代，受科技和全球化影响，茶食文化呈现多元创新。

本章还探讨茶食与地域文化融合，阐释其跨文化交流的重要性。从茶与茶食的发展历程，我们可以更深刻地理解茶食文化的价值和意义，以及中国茶文化在当今世界的作用和影响。

在茶文化领域，依据唐代陆羽《茶经》所述，茶叶本身可作为直接食用的原料，这一特点奠定了茶食发展的基础。从生煮羹饮到茶宴，茶食发展过程中经历了茶果、茶膳、茶点等多个称谓，茶食的内涵和外延也不断发展变化。

中国古代最早出现“茶食”一词的历史文献是《大金国志·婚姻》，其中写道：“婿纳币，皆先期拜门，戚属偕行，以酒馔往，少者十余车，多至十倍。……酒三行，进大软脂小软脂，如中国寒具，次进蜜糕，人各一盘，曰茶食”[1]。《大金国志》的记载是茶与食物结合的例子之一，这反映了茶文化在金朝时期的一个侧面。这段描述不仅体现了茶在金朝文化中的地位，也揭示了当时社会的婚礼习俗和宴席文化，这提供了一个有趣的视角，展示了茶在古代社会中不仅作为饮品，也作为与其他食物一起享用的一种特殊食品的地位。

茶食的称谓虽然在金朝出现，但实际上，茶食的加工制作远早于这个年代，可以追溯至先秦时期。

第一节
先秦与春秋　历史先民们的药食同源

茶被先民们以一种近乎仪式般的虔诚对待。

《神农本草经》中记载“神农尝百草，日遇七十二毒，得茶而解之”[1]，先秦时期的人们通常将茶叶作为一种药物来使用，在少数情况下茶叶也会被制作成食物或者将新鲜的茶叶采摘下来直接冲泡、煮沸饮用。《茶经》中提到的春秋末期晏婴用茶菜，“婴相齐景公时食脱粟之饭，炙三戈，五卵，茗菜而已”[2]。这两段记录可以让我们了解茶叶作为食材在中国历史上的利用情况，看见中国古代文化中药食同源的理念[3]。

晏婴（？—前500）是春秋时期齐国的著名政治家、外交家和思想家，被后世尊称为晏子，以其卓越的政治才华、外交能力和高尚的品德而闻名于世，晏婴还以其朴素的生活方式和清廉的品格著称。

先秦时期作为饮品的茶叶与作为食物的茶叶还未区别之前，食用茶而获得药效的方式可视为茶食最早的雏形[4]，茶叶从食用到药用结合了药效和食用的双重属性。

第二节
魏晋南北朝　茶与食分离

魏晋南北朝时期，人们将茶叶煮沸成茶粥作为日常食物。

西晋晚期有人以茶佐粥在市场上售卖[5]。魏晋时期酒风盛行，特别是在士大夫阶层中，“清谈”聚会饮酒甚至成为一种文化象征和生活方式的表达。《广雅》曾记载用米膏作茶，茶叶加入粟麦、稻米、葱、姜、橘子煮沸醒酒，这一时期的茶粥中已经开始添加主粮制作的米糕，同时期出现众多用茶叶作为辅料的零食称“茶果”出现在一些茶宴[4]。

《茶经·七之事》中记载晋代吴兴的太守陆纳曾用家宴招待好友谢安“所设惟茶果而已”[7]。至南北朝时期，茶粥已逐渐转变为“茗饮”，即茶汤，并且在长江以南把茶当作饮料饮用已经相当普遍[8]。

魏晋南北朝时期见证了茶食文化的逐步分离和茶作为饮料地位的确立。这一转变不仅影响了茶叶的使用方式，也促进了茶文化的丰富和发展。

第三节
唐宋年华　茶食的繁花盛开

中国茶文化在唐宋达到鼎盛，茶在人们日常生活中越来越重要。唐宋时期的茶食文化不仅体现了食物的丰富多样和制作的精致，还反映了当时社会的生活态度和审美追求，是中国茶文化发展史上的重要篇章。

唐宋时期的茶与茶食通过贸易和文化交流逐步影响了亚洲邻国和欧洲，使茶成为一种跨越文化与地域的全球饮品。茶文化在唐宋时期所形成的审美标准、礼仪规矩和生活哲学成为全球饮茶习惯的起源，并且为世界各地的茶文化和茶道提供启发。

唐代建立了完整的茶文化体系。

陆羽所著世界上第一部茶叶专著《茶经》，系统论述了茶的历史、栽培、制作、冲泡和品鉴方法，以及茶具、茶道礼仪等内容[9]。这套体系不仅在中国推广，还为日本、韩国等国家的茶道发展奠定了基础。对后世茶文化影响深远。

唐代的茶叶制作技术日趋成熟并形成了独特的蒸青茶制作工艺[10]。这一时期的僧人、外交使节和商人频繁出访，推动了茶种、茶树栽培技术和制茶工艺向东亚、东南亚甚至中亚等地传播，形成了各地独特的茶风[11]。

唐代以“茶马互市”的形式将茶叶输出到西域（今中亚地区）

及其他西方国家[12]，使茶成为与丝绸、瓷器并列的中国出口商品。茶叶沿丝绸之路传播到波斯、阿拉伯及地中海地区，为世界茶贸易打下了基础。

唐代佛教兴盛，僧人们普遍饮茶，以提升精神集中力。这种“茶禅一味”的思想在唐代开始传播，并逐渐传入日本，影响了日本茶道的形成，尤其是禅茶一体的理念，这在之后几世纪里成为东亚茶道文化的核心精神之一[13]。

唐代是茶从贵族和佛教寺院普及到平民百姓的重要时期，茶成为人们日常生活中不可或缺的饮品。唐代的茶艺开始形成体系，茶的制作和饮用方式更加讲究，如煮茶、点茶等方式[14]。

唐代长安的茶食文化充分体现了盛唐时期的繁荣与开放。茶宴作为一种社交形式在贵族和官员间广泛流行，与之搭配的茶食种类繁多，既丰富了宴饮形式，也展示了当时的生活品质[15]。

作为丝绸之路的起点，唐代长安受东西方文化交流的深远影响，茶食中融合了波斯、阿拉伯及中亚风味，呈现出明显的多元化特征[16]。

茶食的制作在唐代追求营养与养生的结合，莲子、枣、核桃、杏仁等滋补食材被广泛使用，体现了药膳理念对茶食的影响[17]。这些茶食不仅味美，还具有保健功效，反映了唐人对健康的重视。

随着茶的普及，唐代的茶食越来越丰富和精细，无论是官宦人家的宴会，还是茶肆酒楼，都有茶糕、水果、蜜饯等各式茶点心供人们食用，茶宴也成为一种正式化的筵席。白居易的《招韬光禅师》通过其细腻地描绘记载了唐代茶宴的饮食内容：“白屋炊香饭，荤膻不入家。滤泉澄葛粉，洗手摘藤花。青芥除黄叶，红姜带紫芽。命师相伴食，斋罢一瓯茶”[18]。唐代人崇尚生活的艺术性，茶食的造型雅致，摆盘精巧，将美感融入日常饮食中，形成了茶文化的一部分。茶食在唐代不仅仅是口味的享受，也反映了当时的文化和审美观，茶食常常与诗歌、文学、艺术等相结合，成为文人雅士交流的一种方式。

唐代的糕点制作技术和甜味调和方法影响了东亚各国，特别是日本和韩国的茶食制作。例如，日本茶道和韩国茶礼中的茶食，都可以追溯到唐代茶食形式。

唐代人还会在茶中添加香料，如橙皮、桂花等，这些香料的使用进一步影响了茶与食物的搭配。并在后世发展为多种香料茶食。

唐代“茶佐膳”的饮食方式影响了日本的精进料理（素食茶膳）以及朝鲜的茶膳礼仪[19]。此类搭配不仅成为仪式性饮食习俗，也在后世饮食文化中推广了茶入菜的养生理念。

唐代将茶食文化纳入礼仪体系，形成了正式的茶宴制度，茶与茶点一同呈上，标志着茶食礼仪的正式确立。这种礼仪影响了东亚的待客之道，也对后来的欧洲下午茶仪式产生了影响。

宋代的茶文化是继唐代之后的进一步深化和创新。

宋代流行的“点茶”法（将研磨成粉的茶末加水点泡），为日本茶道中的“抹茶道”提供了参考与技术支持[20]。

宋代的茶人、文人雅士喜欢“斗茶”，即比赛茶的制作与冲泡技艺，以鉴赏汤花、汤色、香气和口感[21]。斗茶风潮在当时广为流行，带动了东亚地区对茶品质的重视，并为茶品的审美标准确立了基准。日本茶道中的“斗茶”形式也深受其影响，斗茶观念在后期也对朝鲜茶文化的发展产生影响。

宋代注重茶具美学。青瓷、黑釉盏等瓷器被广泛用于点茶和斗茶活动，茶盏的釉色在茶汤的对比下形成美妙的视觉效果。这种茶具的设计流传至今，在当年也通过朝贡贸易和东亚文化交流传播至日本、朝鲜等地。宋代的建盏茶碗在日本被视为珍宝，成为日本茶道中极具价值的收藏[22]。

禅宗兴盛的宋代，茶逐渐成为僧侣修行中的一部分，茶和禅的结合强化了茶文化中的精神性。这一思想通过僧人传入日本，对日本茶道中的“和、敬、清、寂”理念产生了深远影响，成为日本茶道精神的基石。

宋代开始流行用小壶泡茶，这种小壶泡法让茶的滋味更加浓郁，也便于个人饮用[23]。这种泡茶法影响了后来的工夫茶法，甚至传入欧洲，对欧洲的茶文化产生了间接影响。

宋代茶文化不仅是生活享受，更成为文人雅士交流思想和表达情感的方式。茶与艺术结合的文化氛围传入日本，形成了日本茶道与美学的结合，并成为茶道中审美的重要来源。

宋代的茶食文化非常多样和精致。

宋代有专门的果子局和蜜煎局，《韩熙载夜宴图》中可以看见糕点、水果和蜜饯。《梦粱录》中曾记载“凡点索茶食，大要及时。如欲速饱，先重后轻。兼之食次名件甚多们姑以述于后：曰百味羹、锦丝头羹……更有供未尽助名件，随时索唤，应手供造品尝，不致阙典。又有来托盘檐架至酒肆中，歌叫买卖者，如炙鸡、八焙鸡、红鸡……荤素点心包儿、旋炙儿……更有干果子，常加锦荔、木弹……”[24]，揭示了宋代人在享用茶食时的高度讲究和繁复的选择。

宋代的茶食强调“大要及时”体现了对食物新鲜度的重视，

也反映了当时饮茶和用餐文化的精细，食物需要根据顾客的要求即时制作和供应。从“百味羹”“锦丝头羹”到“炙鸡”“八焙鸡”等，宋代的茶食品种繁多，既有荤素搭配，也有干果和糕点等甜品。这种多样性满足了不同口味和需求，也体现了当时对食物搭配和口感变化的追求。

宋代的茶食是一种艺术和创新的展现。如《辽宋西夏金社会生活史》中提到“蜜糕”之类的甜点，除了味道独特，制作工艺也颇具创意，显示了当时人们对食物美学的高度重视[25]。宋朝时期，寺院中的茶食文化也非常发达，出现了许多风味独特的茶菜，这些由寺院发源的茶食后来逐渐流入民间，影响了各个社会阶层。

宋代出现了盛大的茶宴礼仪，包含点茶、奉茶、品茶，佐以各类精致茶点。这些茶宴礼仪和点茶方式被东亚各国学习和模仿，逐渐演变成当地的茶宴习俗并影响了日本茶道中的“怀石料理”（一种以茶为主的餐食）。这种茶宴礼仪为茶食搭配注入了礼仪与文化内涵，成为重要的待客形式。

宋代的茶具设计对茶食的呈现方式具有重要意义。宋人讲究器物之美，茶盏、茶托的搭配设计简洁而雅致，常常与精美的茶点相辅相成[26]。这种讲求茶食与茶具和谐的美学观念对日本茶道的发展传递了重要启示。

宋代注重茶和茶食的健康功能，例如在茶点中使用豆类、芝麻、果脯等天然食材，这种健康养生的理念影响了朝鲜和日本的茶食文化。例如，朝鲜的传统茶礼中的米糕和松饼等，讲求食材的自然原味和健康价值，日本的“和菓子”以天然食材制成，具有养生特点。

宋代人喜欢将花和果实融入茶饮和茶食中，制成花果茶或以花果点心佐茶，如菊花茶、桂花糕等。这种带有花香、果香的茶食文化对东亚地区产生了影响，例如日本的樱花茶、菊花点心等，后来也逐渐传到欧洲，对现代花果茶和花果点心的流行发挥了一定的推动作用。

宋代通过创新和文化传承，使得茶不仅是一种饮品，更是艺术、哲学和精神修养的载体。宋代的茶食文化通过茶点、礼仪、器物美学和健康观念等方面对茶文化产生了广泛的影响。这些元素在茶道、茶席和茶宴中逐渐成为仪式性文化的一部分，使茶食文化成为跨越时空的重要文化遗产。

茶马互市起源于唐代，正式形成制度则是在宋代。

唐朝时期（618—907），茶叶成为西藏及周边少数民族生活中的重要商品，而唐朝政府则用茶叶与这些民族交换战马以增强军力，开启了初步的“茶马交易”。

宋朝时期（960—1279），为了应对与西北、西南少数民族政权的复杂关系，中央政府正式建立“茶马互市”制度，规范茶叶和战马的交换，以满足军队对战马的需求并控制边疆少数民族的资源。

茶马互市在元、明、清各朝代沿袭发展并形成了各地不同的交易集市，特别是在四川、西藏和云南一带。

第四节
元明清流转　茶食的多样融合

元代是中国茶文化发展的一个融合时期，其特有的政治、经济和文化交流特点使茶的消费和欣赏在社会各阶层中变得更加普及并丰富了茶文化，尤其在促进中西方交流、推动茶叶贸易以及茶饮方式的多元化方面，留下了不可忽视的印记。

元代蒙古族入主中原，将游牧民族的生活方式与茶文化相结合，推动了“奶茶”的普及。将奶、盐等加入茶中制成奶茶，配以简单的茶食，如奶酪、肉干和炒米等，既能补充体力，又符合游牧生活方式。“奶茶 + 奶制品 + 肉类”的搭配模式深受蒙古族和中亚人民喜爱[27]，逐渐影响到西伯利亚、俄罗斯等地，使奶茶成为这些地区的传统饮品，至今仍是中亚、俄罗斯及蒙古等民族生活中的一部分。

元代砖茶的推广在中亚和东欧地区引发了对茶的需求。由于砖茶口感浓烈，这些地区的人们常在饮用时加入黄油、盐、奶等调料，并配以面包、奶酪等食品[28]。这种食用方式产生了新的茶食文化，例如藏族的酥油茶、蒙古族的奶盐茶以及中亚的奶砖茶等饮品。蒙古族普遍饮用咸茶，并在饮用时配以糌粑、干酪等茶食，此习俗还影响了俄国“咸茶”饮法和伴茶食品的选择，逐渐在俄罗斯、哈萨克斯坦、吉尔吉斯斯坦等地也形成了习惯。

元代强调茶的便捷和实用性，出现了一些便于游牧民族使用的茶具。这种实用风格对后来茶具的简化产生了影响。

元代的茶叶贸易被朝廷作为重要经济手段，对茶马互市进行了严格的管理和扩大。通过丝绸之路，元朝的茶叶和饮茶文化进一步传播到中亚、西亚和东欧。这一时期的茶马贸易，使茶叶成为中西交流中的重要商品，为茶在世界范围内的传播打下了基础。

在元代中西文化频繁交流的背景下，许多西方人来到中国，包括著名的意大利旅行家马可·波罗（1254—1324）。虽然元代尚未出现茶在欧洲的广泛传播，但是丰富的茶饮文化吸引了西方人，欧洲人民开始逐渐了解中国茶文化，为后来的茶叶风靡欧洲埋下伏笔。

元代的中国社会，茶不仅是一种饮料，还与各种社交活动和宗教仪式紧密相关，特别是在宫廷和上层社会中，茶被作为一种表达尊敬和友谊的重要媒介。

元代虽然没有像唐代《茶经》这样专门的茶文化著作，可是留下很多茶诗和茶曲以及一些文学作品。元曲中唱宋人词："盖人家每日不可阙者，柴米油盐酱醋茶"。全元曲中，"茶饭"一词多次出现，元代的《居家必用事类全集》中把北方少数民族流行的食品"秃秃麻食"视同茶食，陕西人的馓子也被列入茶食[29]。茶食在元代多文化背景的日常生活和特定的社交场合中扮演了一定的角色，更加深入到普通老百姓的日常生活中。

茶文化在元代这个特殊的历史时期通过一个看似简单的生活元素——茶，映见时代的面貌和人们的生活态度。

随着茶叶作为贸易品的普及，简便易携的茶食逐渐被中亚、东欧人民接受并改良，为跨文化的茶食交流提供了范本。以奶茶、咸茶和简便为主的茶食特色至今在中亚、蒙古高原、俄罗斯等地依然影响显著，是元代茶食文化的延续和扩展。

明清时期是中国茶文化与茶食文化的又一次繁荣。

明代以前，蒸青团茶和点茶是主要的用茶方式，但在明太祖朱元璋下令废除团茶、改用散茶后，茶的制作和消费方式发生了重要变革。散茶的兴起，简化了茶叶的加工工序，也更符合大众化的消费需求，从而加速了茶在中国各地的普及。人们逐渐采用煮饮或泡饮的方式，形成了“泡茶”这一简便的饮茶习惯。

茶的泡饮方式改变使饮茶更加便捷，茶的加工技术不断进步，茶食品的制作与消费变得更为普及，不仅在社会上层中受到欢迎，平民百姓亦对茶食情有独钟，民间涌现出许多创新的茶食制作方法。

在明代，季节性的变化促使茶馆推出多样化的茶食，其中以干果类的茶果和以蔬菜为主的茶菜最为畅销。《竹屿山房杂部》卷一《养生部一》开篇就是谈“茶制”。其中提到的茶果有：“栗肉、胡桃仁、榛仁、西瓜子仁、杨梅核仁、莲心、莲菂……”[30]，记载了丰富的茶果品种，如栗肉、胡桃仁等；而《金瓶梅》中则详细描述了四十余种精致的茶食点心，如大乳饼、荷花饼等，体现了当时茶食的多样性与精细程度[31]。

明代文人雅士如唐寅、徐渭等推崇茶道，并将茶与儒释道的思想相结合，强调“清雅自适”的生活态度，使茶成为修身养性的象征[32]。明代开始的饮茶风尚回归自然，茶食的追求也趋向清淡。与此同时民间饮食的创新突破较大，常见的有用茶果点缀的茶或用茶烹制的家常菜，如镇江一带的茶肴肉和茶干丝。

唐寅（1470—1524）与茶的风雅

唐寅，字伯虎，号六如居士，以风流才子著称，尤爱品茗。唐寅将茶融入诗文和绘画作品中，将品茗之乐与个人雅趣紧密结合。在唐寅的许多诗词作品中，茶不仅是一种饮品，更是他生活意境的一部分。他常通过茶表现出一种超然的隐士精神，反映出他对生活的达观态度。例如，他的诗作中常描绘隐逸生活，将茶、松、竹等元素融入其中，营造出一种“清茶竹影”的意境。在茶文化方面，唐寅提倡以简单的方式泡饮清茶，与友人对饮吟诗，追求茶道中所蕴含的“清净”与“高雅”。

徐渭（1521—1593）与茶的深邃思考

徐渭，字文长，是一位具有鲜明个性和复杂思想的艺术家，他常通过茶来表达内心的孤独与自省。在他的诗文和绘画作品中，茶往往象征着一种修身养性和反思的生活态度。徐渭在茶诗中，时常以品茶为契机，与自我对话，表现了对人生和世事的深刻思考。作为一位擅长写意画的画家，他在画作中展现出浓厚的“禅意”，茶的纯净意象与其简洁奔放的水墨风格相得益彰，形成一种别具一格的艺术表达。他的书法作品中，也不乏以茶为题材的作品，表现了他在品茗中追求内心宁静的生活态度。

唐寅和徐渭在茶道方面虽风格不同，但都体现出文人茶道的核心——自我修养、清雅脱俗。唐寅的作品更多表现一种生活之美，而徐渭则更注重茶在心灵修养和思想探索中的作用。他们的茶诗和茶画影响了后世文人的审美情趣，推动了茶道从实用性向精神层次发展的进程。

唐寅和徐渭通过各自独特的艺术风格和人生体验，使茶文化在明代得到了更高层次的升华，还影响了后世文人对于茶与人生的理解。

明清时期的茶食作为佐茶配茶掺茶的食物，包括点心、水果等佐茶食品及奶茶、花茶、面茶等以茶介入的食物，面点、干果炒货、蜜饯、糖果等等，已是无所不用。

清代《随园食单》第四节中记载了清代江南用茶煮茶叶蛋的详细方法："鸡蛋百个用盐一两、粗茶叶煮两枝线香为度。如蛋五十个，只用五钱盐，照数加减。可作点心。"[33]用茶和面制作成面茶："熬粗茶汁炒面兑入加芝麻酱亦可，加牛乳亦可，微加一撮盐。无乳则加奶酥、奶皮亦可。"[33]记载了用茶煮茶叶蛋的方法，以及用茶和面制作面茶的多种变化，展现了茶在食品加工中的广泛应用。此外，茶叶还被用于烤制火腿、制作具有地方特色的茶豆干等，茶香浓郁，风味独特。

清代关于茶食的书籍，除了袁枚大才子的《随园食单》，还有一些文献记载了当时的茶食文化和茶食制作方法。这些书籍涵盖了茶的冲泡技艺，还介绍了与茶相搭配的各种食品：《饮膳正要》详细介绍了清代的饮食习惯和食谱，包括茶食的制作方法，是了解清代饮食文化的重要文献，也为研究清代的茶食文化提供了珍贵资料[34]。《本草纲目拾遗》虽然主要是一本关于药材的著作，但由于药食同源的传统，书中也包含了一些与茶相关的食疗方，记录了清代人们对于茶及其配搭食物的养生观念[35]。《岁时广记》虽然不专门讨论茶食，但作为一本综合性的岁时风俗记载，其中包含了一些与茶食相关的内容，如节令食品、饮茶习俗等，间接反映了清代的茶食文化[36]。

清代大量茶叶通过海上贸易传入欧洲，尤其是英国。英国贵族阶层逐渐形成了"下午茶"传统，搭配点心、糕饼等茶食，以增强品茶体验[37]。中国茶叶和饮茶习俗影响了下午茶的构成，成为英国贵族社交礼仪的重要组成部分。茶叶出口为西方饮茶方式的多样化提供了可能。他们尝试将茶与糖、牛奶、柠檬等搭配，发展出不同风味的茶饮。清代流行的花茶饮法让他们对茶有了新的认识，开始将不同茶类与各种茶食进行搭配，丰富了欧洲和北美的饮茶体验。

清代景德镇的瓷器作为外贸的重要出口商品，其中茶具、茶托等茶食器具设计精致，深受西方欢迎。西方贵族大量购入茶具，并逐渐形成自己的茶器风格。欧洲开始生产适合西方饮茶习惯的茶杯、茶壶及茶托，为茶具设计注入了中国元素。中国茶器的风格与西方点心的结合也影响了西方茶食器的美学。

清代茶楼作为社会交流场所兴盛，茶楼中提供茶饮和点心的文化逐渐影响了东南亚等地，形成了马来西亚、新加坡的茶餐文化。茶楼的概念传入这些地区，影响了他们的茶点选择[38]，例如将包子、馒头、甜点与茶搭配，延续至今成为“港式茶餐厅”文化的重要组成部分。

明代是中国与外界贸易往来频繁的时期，尤其在晚明，郑和（15世纪初叶）七下西洋以及“丝绸之路”海陆通道的畅通，使茶叶成为重要的出口商品之一，茶逐步成为联系中国与世界的重要媒介，其文化内涵和饮用方式对亚洲乃至世界的饮食文化和社交礼仪产生了深远影响。清代的茶点、茶器和饮茶方式的多样化对全球茶食文化的丰富性产生了深远影响，茶文化在不同地区发展出独具特色的本地化风格。

第五节
当代　茶食新风尚

茶食的变迁在多种因素的影响下，包括但不限于文化传统、经济条件、技术创新、社会习俗和健康观念的变化，这些因素相互作用，共同塑造了当代茶食的新风尚。

随着茶文化在不同地区的发展和传播，茶食随之演变以适应不同的饮茶习惯和仪式。例如，中国的茶点、英国的下午茶和日本的茶道都有其特定的茶食配合。全球化和文化交流促进了不同茶食习惯的融合与创新，人们开始尝试将外来的食品融入本地的茶文化中。

随着经济的增长，人们有更多机会去探索和享受各种茶食，就有了新的茶食产品和服务的出现。茶食设计者和生产商通过创新和改良产品，以满足不同消费者群体的需求。

科技创新促进现代食品加工和保存技术发展，让茶食更加多样化和便于长距离运输；农业技术的进步不仅提高了茶叶的产量和品质，也带动了与茶相配的食材种植的多元和质量提升。

新消费时期的健康意识和环保意识推动了茶食向着更健康、更自然、更符合特殊饮食需求的方向发展。

消费者更倾向于选择低糖和低脂肪的茶食产品，这促使生产商在制作过程中减少糖分和脂肪的使用，同时寻找健康的替代品来保持食品的美味；有机食品和天然成分因其环保和健康的特性而受到越来越多新生代消费者的青睐，在茶食产品中使用有机茶叶和天然食材，不仅能提升产品的健康价值，也符合现代消费者对可持续生活方式的追求；对于素食者或有特殊饮食限制的人群，如需避免麸质的消费者，市场上逐渐增加了更多的食品选择。茶食制造商开始推出无麸质或素食的茶点，以满足这部分人群的需求；食物过敏问题在全球范围内都比较普遍。因此，生产无致敏成分茶食的需求也随之增加，生产商在配方中避免使用常见的过敏原，如坚果、乳制品等，以吸引对这些成分敏感的消费者。

注重品牌认同、数字化和社交化、年轻消费群体崛起和强调情绪价值的新消费时期，茶食文化或将成为创新和可持续发展的典范。

第六节
缀以细语　地域之韵

中国茶文化的广泛影响力及其在跨文化交流中的多样性，不仅体现在茶叶的生产和饮用方式上，也深深影响了各地区的饮食习惯，形成了各具特色的茶食文化。茶食的地域之韵是一段段风味独特的旅程。

福建：闽式茶食

武夷山地区以其悠久的茶文化和独特的茶食著称。武夷山是世界乌龙茶和红茶的发源地，茶不仅用于饮用，还广泛应用于各种美食中，形成了独具特色的茶食系列。武夷茶宴和朱子家宴里的茶食，既有利用茶叶特性来调味的菜肴，也有将茶文化融入烹饪技艺中的精致点心。

福州和泉州的茶食则通常以茶叶作为辅料或配合茶叶食用；

闽南地区和福建各地都将多种小吃与茶叶相配，形成丰富的闽式茶食文化。

广东：粤式早茶

广东的早茶文化闻名遐迩，特别是广州，被誉为“早茶之都”。早起的那一杯乌龙茶在粤式早餐不仅是一种饮食习惯，更是一种社交方式。茶楼里供应各式各样的点心，如虾饺、烧卖、肠粉、蛋挞等，与茶水相伴，既能享受精致的美味，又有利于促进交流。

长三角：江南茶馆和茶食

长三角地区，尤其是上海、苏州、杭州，以江南水乡的优雅环境和精致的茶馆文化而闻名。这里的茶食讲究清新雅致，如杭州的龙井虾仁、苏州的桂花糖藕等，都是将当地特色食材与茶文化巧妙结合的佳作。

北京：老北京茶食

北京的茶食文化融合了北方的豪放和南方的精致，传统的北京茶馆如老舍茶馆，不仅提供茶水，还有京味十足的小吃，如豆汁、焦圈等，体现了京城独有的生活方式和文化氛围。

西部城市：多元融合的茶食文化

中国西部，如陕西、四川、云南等地，由于地理和文化的多样性，其茶食文化也呈现出独特的多元化。

陕西的茶食在中国茶文化中别具一格，以其浓郁的地域风味、质朴的口感和厚重的历史感而闻名，地理条件使其茶食文化具有较为粗犷的风味特色，茶食以面食为主，小吃与点心丰富，也有诸如柿子饼、枣糕等带有酸甜风味的点心，由于气候干燥，当地制作茶食喜欢用各种香料，如辣椒、花椒、蒜末等来增添风味。

四川的茶馆文化悠久，提供的茶食如川北凉粉、麻婆豆腐等，既有地方特色，又能与茶香互补。

云南作为普洱茶的故乡，当地的茶食如云南过桥米线，也往往与普洱茶搭配食用。

东南亚国家：茶与地方美食的结合

东南亚国家受中国茶文化的影响，形成了自己独特的茶食习惯。例如，在新加坡，肉骨茶饭的餐前或餐后一定会喝一壶热热的乌龙茶；在泰国，经常可以看到人们将茶与当地的甜品如杧果糯米饭一起享用；在越南，把茶与各式河粉、春卷等传统美食结合，形成了独特的茶餐文化。

日本：和式茶点

中国的茶食文化对日本的影响深远，尤其在唐代通过遣唐使等中日交流带入了日本，在之后的茶道发展和茶食制作上产生了深刻的文化烙印。

中国茶道讲究礼仪和清雅，这一传统影响了日本茶道中的仪式感和“和、敬、清、寂”的精神。早期中国的精致茶食，如糕点、蜜饯、果脯等，传入日本后成为日本茶会中“点心”的灵感来源。日本将这些点心的样式本地化，发展出了“和菓子”（如羊羹、饼干、团子等）[39]。和菓子特别注重季节性与造型的精美，与中国茶点的审美一致，且在茶道中具有艺术欣赏价值。许多传统中国茶食的食材与技法传入日本后，促使日本本地糕点制作工艺的改良与创新。例如，中国传统茶点中的馅料和豆沙技术影响了日本的红豆馅制作。唐代时传入的馒头、蒸饼等在日本演变成团子、饼类点心，而这种工艺交流帮助日本在本地食材的基础上创新出新的茶点种类。

中国茶食的审美与日本茶道的精神相契合，对日本传统茶文化的建立起到关键作用。日本和菓子强调与四季对应的造型和颜色变化，如樱花季节的樱花饼、秋季的栗子和菓子等，这种四季特色与中国茶点的季节概念一脉相承，体现了两国对自然的礼赞。

中国茶食文化中追求的“淡而不厌，简而文温而理”的精神，也影响了日本茶道对简约之美的追求。日本茶道中的禅意、雅致的茶点设计和摆盘，都是从中国茶文化的审美中汲取灵感并加以本土化，形成了日本独特的“物哀”（もののあわれ）之美。中国的茶食文化为日本茶道的仪式感、审美性和丰富的内涵提供了重要的文化源泉。

英国：下午茶文化

17 世纪至 18 世纪，武夷山地区以正山小种为代表的红茶到了英国，直接促成了英国的下午茶文化，这是茶文化在西方世界的一个重要体现。英式下午茶标志性的食物包括各种三明治、司康饼、甜点等，搭配红茶享用。英国下午茶为欧洲各国带去了优雅而讲究的茶文化，使茶逐渐成为社交礼仪和日常生活的一部分，至今仍深深影响着欧洲的饮茶习惯和社交文化。

在世界的任何地方，中国茶文化抵达之处都会有茶食。每个地区的茶食文化不仅限于味觉的享受，也是当地文化、历史与生活方式的体现。

从药食同源到多元创新，中国茶食文化的发展是一个不断进化和融合的过程，反映了中国悠久的历史文化传统，也体现了中华文明的开放性和包容性。

从茶与茶食的发展历程，我们可以更深刻地理解中国茶食文化的价值和意义以及中国茶文化在当今世界的作用和影响。

参考文献

[1] 王筠默：《神农本草经校正》，吉林，吉林科技出版社，1988 年。

[2] 温晓菊：《中国古代茶食发展流变》，《农业考古》，2014 年第 5 期第 5 期。

[3] 周文棠：《〈广雅〉茶事作者与时代的商榷及其对茶史的影响》，《农业考古》，2001 第 2 期。

[4] 高学清：《中国茶食品发展状况》，《茶叶通讯》，2014 年第 3 期。

[5] 永瑢：《文渊阁四库全书史部别史类卷三十九・钦定重修大金国志》，上海，上海古籍出版社，1985 年。

[6] 周爱东：《茶与食物的搭配》，《扬州大学烹饪学报》，2007 年第 3 期。

[7] 方健：《神农的传说和茶的起源——〈茶经・七之事〉考辨之一》，《农业考古》，1996 年第 4 期。

[8] 王金水：《汉魏南北朝时期茶文化探析》，《农业考古》，2004 年第 4 期。

[9] 陈沐垚：《〈茶经〉精读》，《当代电力文化》，2023 年第 4 期。

[10] 方晓红：《唐宋蒸青饼茶制作工艺比较研究》，《福建茶叶》，2023 年第 8 期。

[11] 吕维新：《唐朝的社会开放与茶的对外传播》，《茶叶机械杂志》，2001，(04):33。

[12] 何双全：《唐、宋时期甘肃茶马互市与茶马古道》，《丝绸之路》，2010 年第 18 期。

[13] 岳远晟：《“茶禅一味”——论中国禅宗思想对日本茶道的影响》，《福建茶叶》，2019 年第 7 期。

[14] 张清改：《茶食加工制作历史初探》，《四川旅游学院学报》，2017 年第 1 期。

[15] 李飞：《唐宋茶道：流行与时尚的兴起》，《中外企业家》，2011 年第 10 期。

[16] 沈玉嘉：《唐代饮食文化中的胡风问题》，硕士学位论文，辽宁大学历史专业，2020 年。

[17] 谢今：《唐代中医饮食养生研究》，硕士学位论文，南京中医药大学中医内科学专业，2021 年。

[18] 郭旭：《论白居易诗歌中的茶文化内涵》，《茶业通报》，2017 年第 4 期。

[19] 滕军：《〈中日茶文化交流史〉》，北京，人民出版社，2004 年。

[20] 苏文：《宋代点茶文化的传承与发展》，《福建茶叶》，2024 年第 9 期。

[21] 陈荣冰：《宋代斗茶及其茶艺评鉴》，《茶道》，2023 年第 5 期。

[22] 周亚东：《宋风东渐中的建盏与“天目”的由来及承传》，《南通大学学报（社会科学版）》，2014 年第 6 期。

[23] 段晓涵：《中国泡茶法兴起考辨》，硕士学位论文，安徽农业大学茶学专业，2023 年。

[24] 吴自牧：《梦粱录》，浙江，浙江人民出版社，1980 年。

[25] 关树东：《一部描述民族历史风俗的佳作——读〈辽宋西夏金社会生活史〉》，《社会科学管理与评论》，1999 年第 2 期。

[26] 陈志斌：《浅论宋代建盏与茶文化之关系》，《陶瓷》，2021 年第 5 期。

[27] 王啸：《蒙古族奶茶习俗形成探析》，《文物鉴定与鉴赏》，2023 年第 8 期。

[28] 裘孟荣：《元代统治阶层的茶文化追溯》，《茶叶》，2015 第 4 期。

[29] 余悦：《元代茶曲创作与茶事生活反映（续）》，《农业考古》，2014 年 5 期。

[30] 永瑢：《文渊阁四库全书子部杂家类卷一六五・竹屿山房杂部》，上海，上海古籍出版社，1985 年。

[31] 张春彦：《浅谈〈金瓶梅〉中的茶文化》，《今日南国（理论创新版）》，2008 年第 3 期。

[32] 陈刚俊 :《论明代士僧互动与禅茶文化》，《农业考古》，2019 第 5 期。

[33] 袁枚等清 :《随园食单》，广东，广东科技出版社，1983 年。

[34] 忽思慧 :《饮膳正要》，北京，人民卫生出版社，1986 年。

[35] 赵学敏 :《本草纲目拾遗》，北京，人民卫生出版社，1983 年。

[36] 纪昀 :《钦定四库全书—史部，岁时广记卷一至四》，北京，北京图书馆出版社，2004 年。

[37] 王翠英 :《英国茶文化的内涵及其社会影响研究》，《福建茶叶》，2017 年第 10 期。

[38] 蔡霞 :《晚清广州社会生活之茶楼文化》，《文史博览（理论）》，2014 第 6 期。

[39] 万芳 :《中日茶食对比研究》，《福建茶叶》，2017 第 7 期。

车专用车位景区观

第三章

从 SDGs 看武夷茶与茶食

本章概述

茶与茶食结合的现代意义在武夷山地区多个方面得到体现。武夷山通过严格的环保政策和传统的生态农业实践，成为推动可持续发展的典范，多维度的食物系统秩序影响展示了武夷茶在全球可持续发展议程中的重要角色。

武夷山的人与自然和谐是现代社会可持续生活方式的重要灵感来源。

第一节
从 SDGs 视角来看食物系统秩序

武夷山是中国的国家级自然保护区，被联合国教科文组织认定为世界自然与文化双遗产地，具有丰富的生物多样性。在全球变暖和生态环境恶化的背景下，武夷山的生态保护不仅服务于本地社区，更为全球生态系统稳定作出贡献。

武夷山通过严格的环保政策和传统的生态农业实践，成为推动可持续发展的典范，武夷山地区是世界乌龙茶和红茶的发源地，武夷茶与茶食的结合在如此具有生态和文化重要性的地区，正在多个方面体现其现代意义：

一、生态可持续性

生态保护与茶园管理：武夷山地区的茶园采用可持续的农业实践，减少化学肥料和农药的使用，保护当地的生物多样性。这不仅有助于保护环境，还可以提高茶叶的质量和价值[1]。

水资源管理：茶叶种植对水资源有较高的依赖性，武夷山地区合理管理水资源，采用节水灌溉技术，对于维护生态平衡和应对气候变化发挥了重要作用。

二、经济增长与就业

茶产业发展：武夷茶及茶食的生产和加工带动当地经济发展，为当地居民提供就业机会，促进区域经济增长[2]。

品牌与市场：武夷山地区的茶文化与现代食文化结合，通过品牌建设和市场推广，增强其竞争力，为当地茶农和企业带来更高的经济收益。

三、负责任的消费和生产

可持续生产和包装：武夷山推广环保包装材料和减少浪费的生产方式，促进茶与茶食的负责任消费[3]。

消费者教育：武夷山地区通过引导消费者了解茶叶的可持续生产和采购，鼓励消费者做出更环保的选择。

四、文化遗产与教育

文化传承：茶文化是武夷山文化的重要组成部分，武夷山地区通过科研、教育和文化活动，将茶文化的知识和技艺传承给下一代，强化社区的文化认同和凝聚力[4]。

生态旅游：结合当地茶文化和生态旅游，让每一位造访武夷山的朋友了解关于生态保护和可持续发展的重要性，同时提升区域的旅游吸引力和经济收益[5]。

第二节
不仅仅是文化和传统的传承

从 SDGs 的视角出发，茶及茶食多维度的食物系统秩序影响展示了武夷茶在全球可持续发展议程中的重要角色[6]。

联合国可持续发展目标 SDGs

注：联合国可持续发展目标（Sustainable Development Goals，SDGs）[7]，是联合国制定的全球发展目标，旨在从 2015 年到 2030 年间以综合方式彻底解决社会、经济和环境三个维度的发展问题，转向可持续发展道路，于 2015 年 9 月 25 日在联合国可持续发展峰会上 193 个成员国正式通过的《改变我们的世界——2030 年可持续发展议程》中提出[8]。可持续发展目标指导 2015 年至 2030 年的全球发展政策和资金使用。

从 SDGs 看武夷茶与茶食

序号	名称	图标	内容
1	**消除贫困** （目标1）	1 无贫穷	茶产业为武夷山地区提供了重要的经济支柱，通过增加茶农和从业者的收入，推进减贫和乡村振兴。
2	**零饥饿** （目标2）	2 零饥饿	通过提高茶农的收入和促进农业多样化，茶与茶食结合有助于改善农村地区和少数民族地区的食物安全和营养水平。
3	**良好健康与福祉** （目标3）	3 良好健康与福祉	茶含有多种对健康有益的化合物，与健康茶食结合的饮食习惯有助于促进人们的身心健康。
4	**优质教育** （目标4）	4 优质教育	茶文化和茶食制作技艺的传承与教育，为提升社区教育水平和促进文化交流提供了平台。
5	**性别平等** （目标5）	5 性别平等	茶产业和相关的茶食业务为女性提供了广泛的就业机会，有助于提高女性经济自主权和社会地位。
6	**清洁饮水和卫生设施** （目标6）	6 清洁饮水和卫生设施	武夷山地区实施可持续的茶与茶食生产方式，在种植、加工实践过程中强调水资源的保护和合理利用，有助于维护清洁的水源。
7	**可持续能源** （目标7）	7 经济适用的清洁能源	茶与茶食在种植、生产、加工过程中越来越多地采用可再生能源和节能技术，推动清洁能源的使用。
8	**体面工作和经济增长** （目标8）	8 体面工作和经济增长	茶产业为人们提供体面的工作机会，促进了包容性和持续的经济增长。

（续表）

序号	名称	图标	内容
9	**工业、创新与基础设施** （目标9）	9 产业、创新和基础设施	茶与茶食的科技创新和基础设施建设，如加工、物流和数智化推动工业可持续发展。
10	**缩小差距** （目标10）	10 减少不平等	武夷山茶产业的发展帮助减少区域和社会内部的不平等，特别是通过支持小规模茶农和弱势群体。
11	**可持续城市和社区** （目标11）	11 可持续城市和社区	茶文化的活化和茶食的发展促进武夷山地区文化遗产的保护，提高社区的可持续性和生活质量。
12	**负责任的消费和生产** （目标12）	12 负责任消费和生产	武夷山地区推广可持续生产理念的茶叶和茶食，倡导负责任的消费行为，减少浪费。
13	**气候行动** （目标13）	13 气候行动	茶与茶食通过实施可持续的农业生产加工实践和减少碳足迹，茶产业为应对气候变化作出贡献。
14	**水资源** （目标14） **和陆地生态系统** （目标15）	14 水下生物 15 陆地生物	保护水源和生态多样性是可持续生产的重要方面，茶叶的利用有助于保护和恢复自然生态系统。
15	**和平、正义和强大机构** （目标16）	16 和平、正义与强大机构	通过增强社区凝聚力和文化认同，茶文化有助于社会和谐和公正。
16	**伙伴关系** （目标17）	17 促进目标实现的伙伴关系	茶产业的全球性质促进国际合作和伙伴关系的建立，共同推动可持续发展目标的实现。

武夷山的人与自然和谐是现代社会可持续生活方式的重要灵感来源。

武夷山是中国的文化与自然宝藏，更是全球可持续发展的重要资源。这种全球性意义体现在文化价值的全球共享、生态多样性的全球意义、茶产业的国际影响力、旅游与文化交流的全球化，武夷山为世界呈现了发展进程中经济、文化与生态平衡的可能性。

参考文献

[1] 钟美淇：《加强生态茶园建设支撑茶产业可持续发展》，《广东茶业》，2022年第1期。

[2] 李晶：《茶产业经济可持续发展对策研究》，《福建茶叶》，2016年第5期。

[3] 侯明勇：《生态文明背景下茶包装的原生态设计理念探析》，《福建茶叶》，2023年第2期。

[4] 陈佳：《文化自信视角下的茶文化传承发展策略》，《福建茶叶》，2023年第7期。

[5] 陈腾翔：《茶文化旅游与茶业经济发展探讨》，《福建茶叶》，2023年第6期。

[6] 陈毅辉：《福建茶产业可持续发展主体行为与策略研究》，博士学位论文，福州大学，经济与管理学院，2021年，第51页。

[7] 联合国官网：《变革我们的世界：2030年可持续发展议程》，https://www.un.org/zh/documents/treaty/A—RES—70—1，2015.9.25。

[8] 《联合国2030年可持续发展目标》，《"一带一路"报道（中英文）》，2020年第1期。

壽

第四章

茶与茶食搭配的原则

本章概述

自先秦以来，饮茶史的发展从来就没有缺少与之相配的茶食。茶食的内涵并非一成不变，历代茶与茶食的合理搭配，逐渐形成以食物安全为前提、以健康为核心的三大原则：

遵循整体性原则，每一次的茶食相遇都致力于滋养身心。

三因制宜原则让茶食选择顺应个体、时节与环境的和谐之美。

平衡性原则是药食同源哲学的精粹。

第一节
基于人体健康需求为前提

“整体性”原则即基于人体健康需求的前提下，在茶与茶食的搭配组合上讲求性味功效、味蕾状态、美学观赏和文化内涵等方面的协调统一。

性味功效

以茶与茶食的性味功效作为出发点，利用茶叶与茶食中的有效物质调养身体，利用品茶营造的氛围调适身心，强调茶叶带来的保健功效，取其营养价值、情绪价值，用于养生保健、防治疾病。

味蕾状态

讲求甜、酸、咸味的茶食与茶类搭配以及茶入菜肴时茶性与食材的性味搭配，此类茶食多强调味蕾感受的放大或多层次效应。

美学观赏

古代文人雅士在饮茶席间，对于茶与茶食搭配的美学观赏性从整体上进行考究，注重茶食色彩的组合及造型、摆设，从而获得心灵的滋养。

文化内涵

茶与茶食的搭配不仅讲究味、色、形等感官享受，而且其中的文化内涵亦不可忽视。

饮茶和享用茶食的过程同时考虑空间的布置，配备特色的家具、食具、茶艺、琴曲、诗歌、花艺、香艺等，是使人大饱眼福又耳目一新的文化体验[1]。

第二节
与中医学养生理念一致
“因人、因时、因地”

“三因制宜”是基于茶食与茶搭配原则制宜，与传统中医学的养生理念一致。

因人

根据品茶主体的年龄、性别、体质、生活习惯等不同特质来确定搭配合适的茶与茶食。

因时

一年四季二十四节气，气候有寒、热、温、凉之不同，对人体生理活动及身体状态产生的影响不同，茶与茶食要根据不同季节和气候特点来搭配。

因地

不同地区的地理环境气候、生活习惯等各不相同，因而人的生理活动和身体变化特点也不尽一致，所以茶与茶食搭配应有所区别。

第三节
药食同源　性味平衡

茶是药食同源的典型之一，在茶的药用属性视角下，茶性亦分寒热温凉。

“性味平衡”原则是指茶与茶食进行组合搭配时应注重其性味特征，以纠其二者的寒热偏性，实现“以平为期”的目的。

如部分茶的茶性寒凉是医家的普遍认识，李时珍以亲身经历谈过量饮茶对脾胃的影响[2]：“时珍早年气盛，每饮新茗必至数碗，轻汗发而肌骨清，颇觉痛快。中年胃气稍损饮之即觉为害，不痞闷呕恶，即腹冷洞泄。故备述诸说，以警同好焉。”因此在饮用性寒之茶时可佐温热之性的茶食，以和其寒凉，反之在长期饮用温热性味的茶时，可佐寒凉茶食，使性味平衡。

我们将在第五章深入探讨武夷岩茶、红茶、白茶及新茶饮与茶食的搭配。

参考文献

[1] 王联文:《游武夷名山，品武夷茶宴》，《旅游纵览》，2000 年第 10 期。

[2] 李时珍:《本草纲目》，北京，中国中医药出版社，1998 年。

第五章

武夷茶与茶食搭配推荐

本章概述

本章节依据第四章《茶与茶食搭配的原则》所述的性味平衡及味蕾感受深入探讨武夷岩茶、红茶、白茶及新茶饮与茶食的搭配。在“武夷岩茶”部分详细描述了大红袍、肉桂、水仙及老茶的感官品质特征；另外，红茶是很温暖的存在；在关于“白茶”的讨论中，同时讲到老白茶的独特；最后提到“创新、时尚、多样”的新茶饮正在为新生代消费者喜爱。

武夷茶与茶食搭配的重要性不仅体现在它们相互作用下的品鉴味觉体验，更在于当武夷茶成为日常生活的一部分时，如何构建健康愉悦的生活方式。

第一节
武夷岩茶 “岩韵”的神秘

武夷山制茶距今已有2000余年的历史，是世界乌龙茶的发源地。

武夷岩茶产于福建省南平地区的武夷山市，是武夷山地区生产的乌龙茶的总称。

国家标准《地理标志产品武夷岩茶》（GB/T18745—2006）规定，武夷岩茶是产于武夷山市行政区域内，在独特的武夷山自然环境条件下选用适合的茶树品种进行无性繁殖和栽培，并用独特的传统加工工艺制作而成，具有岩韵（岩骨花香）品质特征的乌龙茶。

陆羽《茶经·一之源》“其地，上者生烂石，中者生砾壤，下者生黄土”[1]。武夷岩茶的品质和口感风味之所以独特，部分归因于武夷山特有的地质结构。对于所有的爱茶人来说，“好山好水出好茶”是大家共同的认知，而在武夷岩茶而言该观点的准确性尤甚，武夷山的丹霞河谷地貌和微域气候以及岩石风化后的土壤等条件为武夷岩茶的茶树生长提供了理想的自然生态环境[2]。武夷岩茶的“岩韵”就是其独特的生长环境赋予茶叶的一种独特韵味，表现为茶汤在口腔中带来的醇厚、回甘、生津等感觉。

武夷岩茶根据产地分正岩茶、半岩茶和洲茶。正岩茶以著名的三坑两涧（慧苑坑、大坑口、牛栏坑、流香涧、悟源涧）为代表[3]，还有慧苑岩、天心岩、马头岩、竹窠、兰谷、九龙窠、三仰峰、水帘洞等。半岩茶是武夷山境内除正岩区以外的岩茶产区所产的茶，主要分布在青狮岩、碧石岩、燕子窠等地。洲茶是武夷山正岩和半岩区域以外的溪畔河洲、道路两边的产茶区所产的茶[4]。正岩茶香高持久，汤色浓艳，味甘厚、岩韵显，叶底肥厚柔软、红边明显，耐冲泡。半岩茶的香不及正岩茶持久，稍欠韵味。洲茶色泽稍枯，香味偏淡，岩韵不明显。岩茶多以茶树品种命名。用水仙品种制成的为“武夷水仙”，用肉桂品种制成的称为“武夷肉桂”。在正岩产区的各大岩中，选用优良茶树单独采制而成的岩茶称为“单丛”。加工品质特优的单丛又称为“名丛”，如“大红袍”“铁罗汉”“白鸡冠”“水金龟”等[5]。

武夷岩茶的消费正在逐年递增，群体不断扩大。

为适应不同热爱者的岩茶风味要求，武夷山茶人在传承焙足火传统的基础上，又适度调整焙火程度，生产出轻火、中火、中足火、足火等不同火候的产品，使岩茶产品更加丰富多样[6]。

高品质武夷岩茶都具有外形条索紧结壮实匀整，色泽油润带宝光，内质香气馥郁隽永，滋味醇厚回甘、润滑爽口，汤色清澈艳丽，叶底柔软匀亮、边缘朱红或起红点，中央叶肉浅黄绿色、叶脉浅黄色，耐冲泡的共同特点。高品质的岩茶一定都可以嗅出品种香的高锐浓长或馥郁清幽，也一定都能品出浓醪的味道和舌本留甘、回味持久深长的天然真味——一种岩茶特有的韵味“岩韵”。

——《武夷岩茶品质化学与健康密码》（刘仲华主编．2022 年）

武夷大红袍茶食搭配

武夷岩茶中，大红袍位于名丛之首。其源自武夷山九龙窠的岩石峭壁上的六株母树，得益于该地终年的细泉浸润、煦暖的日照、丰富的反射光以及显著的昼夜温差，孕育了大红袍独有的卓越品质。武夷大红袍通过无性繁殖技术完美保留了母树茶叶的优质特性[7]。

目前，大红袍既是茶树品种名，也是商品名或品牌名称。

武夷大红袍茶叶的品质特征

1. 干茶形态

条索：轻微扭曲，紧结壮实。

色泽：绿褐鲜润，带有宝石般的色泽。

2. 香气

香型：香气馥郁，具有多种香型。清香型的大红袍带有花香，如兰花香、玉兰花香等，其中兰花香最具代表性。花香自然高锐、馥郁浓长、深幽清远，熟香型（足焙火）的大红袍会呈现出乳香、木质香、焦糖香、桂皮香等香气。

持久性：香高而持久。冲泡后香气满溢整个屋子，并且能保持较长时间。

3. 汤色

颜色：橙黄至橙红，明亮艳丽，汤色的深浅会受到焙火程度等因素的影响。一般来说，焙火程度较高的大红袍汤色偏深，呈橙红色；焙火程度较轻的则汤色偏黄，为橙黄色。

透明度：清晰而明亮，充满生机。

4. 滋味

口感：入口甘爽滑顺，滋味浓醇，具有层次感。虽然是浓茶，但浓饮而不见苦涩。“岩韵”明显。

回甘：饮后回甘迅速且持久，喉咙里长时间留有甜味，令人回味悠长。

优质的大红袍茶汤果胶含量足够，使得茶汤润滑且有质感。

5. 叶底

颜色：叶片软亮匀齐，呈现出褐绿色。叶底的颜色能反映出茶叶的发酵程度和焙火程度，发酵适度、焙火适中的大红袍叶底颜色均匀。

形态：具有“绿叶红镶边”的特点，这是武夷岩茶独特的制作工艺形成的。在摇青等制作过程中，茶叶边缘经过摩擦碰撞，促使茶多酚等物质氧化聚合，形成红色的边缘，而叶片中间部分仍保持绿色，比例一般为“三红七绿”。此外，传统的武夷岩茶在长时间焙火之后，局部受热膨胀，在茶叶表面会鼓起小泡点，形成“蛤蟆背”。

武夷大红袍适合搭配轻盈且不会覆盖茶味的茶食。

莲子糕、轻微甜味杏仁饼或马卡龙等这些糕点的微妙甜味可以与大红袍的甘滑口感相得益彰，而不会与其香气和味道产生冲突。

红豆糕、豆沙或莲蓉月饼等中式糕点的温和甜味和绵密质地可以衬托大红袍的浓郁岩韵。

核桃、杏仁和腰果等坚果的轻微油脂感和香脆口感可以与大红袍的油润色泽和甘滑口感形成良好的搭配，增加味觉层次。

选择味道较轻、口感柔和的奶酪，可以与大红袍的浓郁花香和醇厚感相辅相成。

龙眼、荔枝或水蜜桃等水果的甜美和多汁特性可以清新口感，与大红袍的香气和味道形成和谐的对比。

建议在品尝大红袍时，可以尝试不同的茶食，找到最适合个人口味的组合，从而更好地享受大红袍的独特风味。

Ps. 大红袍茶食搭配推荐风味
酸 / 咸 / 微甜 / 清新

糕点类　百年蔗糖红豆饼、红袍南枣核桃糕、竹筏酥、莲子糕、武夷橙酥等

蜜饯类　丹桂酸枣糕、大红袍圣女果蜜饯、石斛百香果脯等

水果软糖类　树莓软糖、花生芝麻软糖、花生牛轧糖等

坚果类　杏仁、武夷山吊瓜子、香榧子等

鲜果类　按武夷山或饮茶人所在区域四季时令水果

武夷肉桂茶食搭配

武夷肉桂是武夷山主栽茶树品种，原产于武夷山的慧苑岩、马枕峰。肉桂茶树抗逆性强，产品品质优良，武夷山茶人于 20 世纪 80 年代开始大力扩大武夷肉桂的栽种面积，几乎在武夷山的茶场都有种植[8]。

武夷肉桂茶叶的品质特征

1. 干茶

外形：条索壮结、叶端扭曲、匀整，美观。

色泽：油润有光泽，呈现出褐绿色，带有一定的砂质感。

2. 香气

香型：除了传统的桂皮香、乳香、蜜桃香等香气外，现在的武夷肉桂还会呈现出更为丰富和独特的香气，比如花香、果香、木质香等多种香气相互交融。例如，有的肉桂会带有清新的兰花香，与桂皮香相互呼应，形成独特的复合香气；还有的会有类似果木的香气，增加了香气的层次感和复杂度。

持久性：香气持久明显。不仅在冲泡的前几泡香气浓郁，在后续的冲泡中，香气依然能够保持较好的稳定性，甚至到了七八泡之后，仍能闻到淡淡的香气。

生态条件影响肉桂香气的呈现。在同样的制作工艺下，生长在光照较少地段的肉桂，香气比较清幽，辛辣感较弱。生长在阳光充足地带的肉桂，香气比较浓锐、辛辣感较强。

3. 汤色

颜色：通常呈琥珀色或橙黄色，带有明显的红亮光泽。

透明度：由于岩茶特有的焙火工艺，武夷肉桂的汤色较为深沉且富有层次，茶汤透亮、清澈，具有一定的油润感。

在品饮过程中，汤色随冲泡次数逐渐淡化，但始终保持温润的色调。

4. 滋味

口感：茶汤醇厚，层次丰富，入口时能感受到多种滋味的交织融合。

回甘：除了传统的醇厚回甘外，还可能会有轻微的苦涩感，但这种苦涩感能够迅速转化为回甘，咽后齿颊留香。

山场风味凸显：不同山场的武夷肉桂呈现出更加鲜明的区域风味特征。例如，正岩产区的肉桂，由于生长环境的独特性，茶汤中蕴含着丰富的矿物质和微量元素，滋味更加醇厚、霸气，滋味收敛强，具有明显的“岩骨花香”；而半岩产区和洲茶产区的肉桂，滋味则相对较为柔和、清爽。

5. 叶底

冲泡后的叶底鲜活，叶片柔软有弹性，颜色呈现出淡绿底红镶边的特征明显，

叶底的完整性较好。

武夷肉桂适合搭配一些轻微咸酸味的茶食。

可以尝试与轻盐味的小点心或者柠檬味的糕点一同品尝。

各种坚果与肉桂茶一同食用不仅可以提升口感，还能增添层次感。坚果的香脆与肉桂茶的回甘生津相得益彰，使得饮茶过程更加愉悦。

肉桂茶的辛锐香气与甜味点心搭配时，能产生一种令人愉悦的对比效果。

带有蜜桃香或者奶香特征的武夷肉桂与蛋糕、曲奇等甜品一起享用时，能更好地突出茶的香气。

考虑到肉桂茶有时带有乳香的特征，可以尝试与奶酪或者轻奶油搭配。这样的搭配不仅可以丰富口感，还能增加食物与茶之间的和谐度。

以新鲜蔬菜为主的轻食和沙拉，特别是那些调味以酸味或者微咸味为主的，都能与肉桂茶很好地搭配。这样既可以享受到茶的香气和滋味，又补充和提升茶的风味。

Ps. 武夷肉桂茶食搭配推荐风味

酸 / 咸 / 微甜 / 清新

糕点类　五夫饼、建瓯光饼、龙须酥芝麻片、苏打饼干、曲奇饼等

蜜饯类　杨梅干、五香笋干、蜜枣等

水果软糖类　玉米姜糖、南枣核桃糕、爆浆冰糖雪梨软糖等

坚果类　咸晒花生、山核桃肉、缤纷坚果酥等

鲜果类　按武夷山或饮茶人所在区域四季时令水果

武夷水仙茶食搭配

武夷水仙是用水仙品种制成的岩茶。水仙品种原产于福建建阳区小湖乡大湖村，后引种到武夷山，成为武夷岩茶的当家品种之一，栽种地遍布武夷山所有的茶场。在众多的山场中，以三坑两涧的正岩水仙品质最佳，其次为景区内的水仙，外山茶场的水仙也能制出优良品质[9]。

武夷水仙茶的品质特征

1. 干茶

条索：紧结壮实、匀整。相较于其他茶叶，水仙茶的条索较为粗壮，形似“拐杖形”“扁担形”，也有说法将其形容为“蜻蜓头”。这是由于水仙茶树为小乔木型，大叶类，叶片较大且厚，制成茶叶后条索自然较为粗壮。

色泽：呈青褐油润，部分地方有类似青蛙皮肤的白色小斑点，俗称“蛤蟆背”。随着储存时间的增加，色泽会逐渐变得更加乌润。

2. 香气

香型：浓郁清长，香型丰富。常见的有兰花香，如空谷幽兰般清幽；还有桂花香、栀子花香等花香型；另外，也会呈现出奶香、糖香、果香、火香等其他香型。老枞水仙还会带有独特的木质味、青苔味、糙米味等“枞味”。

持久性：香气持久，挂杯明显。冲泡后，香气会弥漫在空气中，令人陶醉，并且在多次冲泡后，仍能保持一定的香气。

3. 汤色

颜色：橙黄浓艳，深而鲜艳。

透明度：茶汤清澈明亮，如琥珀般晶莹剔透。

随着冲泡次数的增加，汤色可能会稍微变浅，但依然保持较好的色泽。

4. 滋味

口感：饱满，滋味醇厚。喝起来口腔似有丰富的咀嚼物，水质细腻、顺滑、绵柔、甘润，给人一种满足感。

回甘：回甘爽口，喉韵明显。品饮后，口腔中会留下淡淡的甜味，并且喉咙处感觉舒适，韵味悠长。

5. 叶底

叶底厚软，明净，绿叶红边，呈现“三红七绿”的状态。叶片较大，呈椭圆形，柔软且有光泽，叶脉浮于叶面之上。

武夷水仙茶非常适合与各种茶食搭配，以增强其优雅的风味体验。

桃酥、杏仁饼等传统中式糕点的细腻口感和微妙的甜味可以和水仙茶的花香及岩韵相得益彰，共同营造出一种传统而又精致的体验。

选择不甜或微甜的饼干和曲奇，尤其是那些含有坚果或果仁的品种，它们的香脆质感与水仙茶的顺滑口感相辅相成，可以增加品茶时的趣味性。

一块轻盈不过分甜腻的芝士蛋糕，可以与水仙茶的清新口感和兰花香气完美匹配，使得茶的回甘更加明显，为味蕾带来双重享受。

蒸饺、小笼包等清淡的中式点心的鲜美可以与水仙茶的清香和甘甜相互衬托，达到口味的平衡和提升。

干果如荔枝干、杏脯、无花果干以及各种烤坚果的自然甜味和丰富的口感能与水仙茶的风味相得益彰，使整个品茶过程更加丰富多彩。

为水仙茶搭配的茶食味道不应过于浓重，以避免压过水仙茶的细腻香气和岩韵。

Ps. 武夷水仙茶食搭配推荐风味

酸 / 咸 / 不甜或微甜 / 清新

糕点类 桃酥、杏仁千层酥、五夫莲蓉酥、蝴蝶酥、马拉糕、米糕、蒸饺等

蜜饯类 荔枝干、杨梅干、咸橄榄、无花果干等

水果软糖类 玫瑰奶枣、黑芝麻软糖、枇杷夏威夷果软糖等

坚果类 咸花生、锥栗等等

鲜果类 按武夷山或饮茶人所在区域四季时令水果

武夷岩茶历史源远流长，品种众多。其中大红袍最为有名，被称为“茶中之王”，同时有“香不过肉桂，醇不过水仙”的说法，武夷岩茶三大主力均有其独特的品质魅力。另外代表性的优秀名丛如铁罗汉、水金龟、白鸡冠、半天妖、白瑞香、金锁匙、北斗、白牡丹、石乳、雀舌、不知春、金佛、素心兰、玉麒麟等等，都是为资深的爱茶人喜欢。这些茶与茶食的搭配，都可以参考以上大红袍、肉桂、水仙的搭配推荐，依据第四章“茶与茶食搭配原则”和个人适合的口味进行组合。

时间的礼物，
当岩茶成为老茶时如何搭配茶食

储存时间很久的武夷岩茶通常称为“老茶”或“陈茶”。老茶因其特别的转化品质，受到许多茶叶收藏者和鉴赏者的青睐。正确的储存条件对于保持并提升老茶的品质至关重要，包括恰当的温度、湿度、通风和避光条件。

武夷岩茶经过长时间的储存，其化学成分、香气成分、品质特征以及滋味方面都会产生很大的变化。

茶叶中的多酚类化合物会逐渐氧化，形成新的化合物如茶黄素和茶红素，这些化合物贡献了老茶独有的色泽和某些风味特征；老茶中的氨基酸含量可能会降低，茶汤的香气会减弱；咖啡因含量在长期存储过程中可能会有所降低，但其变化幅度通常不大，对茶的整体影响相对有限[10]。老茶的汤色通常比新茶更深，可能呈现出红棕色。老茶具有独特的陈香，与新鲜茶叶的清香大为不同，老茶在储存过程中，其挥发性香气成分会发生显著变化，陈化过程中会产生新的挥发性物质，如茶醇、茶酮等，它们贡献了老茶特有的香气[11]，可能会产生陈香、木质香、药香、果香、花香等的多种融合香型。老茶的滋味通常更加醇厚、顺滑，口感和谐[12]。

老茶为茶爱好者提供了丰富多样的品茶体验。

老茶与食物的搭配，应着重于互补和平衡。选择与老茶的醇厚和陈香相衬托的食物，可以增强茶食的整体体验。同时，注意茶食搭配时的个人口味偏好，适量尝试不同的搭配，找到最适合自己的组合。

具有传统风味的糕点如绿豆饼、莲蓉饼、桂花糕等温和的甜味可以与老茶的陈香和回甘相互衬托，增添茶食体验的层次感。

山核桃、杏仁、红枣和无花果干等坚果与干果自然甜味和微微的苦涩味可以与老茶的复杂口感相得益彰，提升整体的味觉享受。

文公菜、糯米鸡、萝卜糕等茶食口感丰富，既有微妙的甜味又有满足感，能够与老茶的醇厚和顺滑相匹配，创造出和谐的茶食体验。轻盐味的小黄瓜、微辣的花生的淡淡咸香或辣味可以激发老茶深层次的风味，使得茶的味道更加丰富。

轻微调味的蔬菜如蒸毛豆、蒸扁豆、拌黄瓜等素食的清爽口感可以中和老茶的醇厚，带来清新的感受。

选择一些口感绵密、味道温和的奶酪如布里奶酪、卡门贝尔奶酪等与老茶的结合可以产生意想不到的奶香与茶香相融，创造出不一样的味觉体验。

Ps. 老茶茶食搭配推荐风味

甜 / 轻盐 / 清爽 / 绵密奶香 / 微辣

糕点类 百年蔗糖红豆饼、龙须酥、芝麻片、文公菜等

蜜饯类 红枣、五香笋干、杏脯等

水果软糖类 玉米姜糖、爆浆冰糖雪梨软糖、爆浆陈皮软糖等

坚果类 晒花生、山核桃肉等

鲜果类 按武夷山或饮茶人所在区域四季时令水果

第二节
红茶　经典与温暖

武夷山桐木关是世界红茶的发源地。

红茶是世界上广泛饮用的茶之一，特别是在欧洲、北美、亚洲的某些地区（如印度和斯里兰卡）以及非洲，它的普及跨越了多个国家和文化[13]。在英国，红茶是一个深植于国民文化和历史传统中的饮品，下午茶是英国文化的一个标志性传统，而红茶则是这一仪式的核心[14]。

武夷红茶主要有烟小种、正山小种、金骏眉等品类。其中金骏眉的制作对茶青和工艺要求极高，而且产量少，所以十分珍贵[15]。武夷山以桐木、岭阳为主全境都出产红茶，武夷山地区光泽、政和、邵武、建阳等区县也都有产出。

武夷红茶是全发酵茶，茶性温和。

红茶在加工过程中，经过完全氧化后不仅赋予了红茶特有的色泽和风味，也影响了其化学成分，茶多酚氧化聚合生成茶黄素、茶红素等；蛋白质水解为氨基酸，增加鲜味；多糖类物质水解，使茶汤更甜醇[16]。

武夷红茶在发酵过程中产生了丰富的香气物质，具有花果香味或桂圆香味，正山小种还带有特殊的松烟香。品味武夷红茶时，伴随着淡淡的甜味和舒缓的回甘，富有层次的口感给人带来了丰富的想象，使人们可以在不同的味蕾冲击中发现不同的茶滋味。

品味武夷红茶时，搭配合适的茶食可以进一步提升享受体验，在选择茶食时，应注意不要让茶食的味道过于强烈，以免覆盖红茶的经典风味。

杏仁、核桃或开心果等轻盐或原味的坚果的自然香味和微妙的咸味可以衬托红茶的甜味和层次，增加口感的丰富度。

蛋黄酥、桂花糕等传统中式点心的温和甜味和细腻的口感与武夷红茶的花果香气及回甘相得益彰。

花果类糕点如柠檬蛋糕、蓝莓司康或其他含有果香的糕点可以和武夷红茶中的花果香味相互呼应，增加味觉上的和谐感。

轻微甜味的饼干如英式茶饼干、黄油饼干等，其轻微的甜味和脆嫩口感与红茶的温和性和层次感相匹配，不会抢夺茶味的主导地位。

轻口味的奶酪，如布里奶酪或卡芒贝尔奶酪，它们细腻的乳香与武夷红茶的甜味和香气相结合，可以带来意想不到的口感体验。

可可含量较高的黑巧克力，其苦甜味能与红茶的回甘相互补充，营造出复杂而深邃的味道层次。

武夷红茶搭配茶食时还可以考虑茶食的香气、质地与茶的口感和温度的和谐，通过尝试和调整，找到最适合个人口味的搭配方式。

Ps. 红茶茶食搭配推荐风味

甜 / 酥 / 烘焙类糕点 / 奶油味 / 微苦巧克力味

糕点类 司康、红茶桃仁酥、杏仁瓦片、南瓜脆、香芋馅饼、红茶糕、燕麦红茶酥、崇安桂花糕等

蜜饯类 茶李蜜饯、酸枣糕、火龙果干等

水果软糖类 海盐扁桃仁酥糖、杧果软糖、爆浆陈皮软糖等

坚果类 核桃、夏威夷果、碧根果等

巧克力类 丹桂黑巧、红茶巧克力、杨梅巧克力、香榧巧克力等

鲜果类 按武夷山或饮茶人所在区域四季时令水果

第三节
白茶　大自然的简单质朴

福建省是白茶的发源地，白茶的主要产区为闽北武夷山地区的建阳、政和、松溪和闽东的福鼎等。

1000 多年前的北宋政和年间，政和县因茶得名。

白茶保留了茶叶最自然的形态，以轻微的发酵和简单的加工而著称，白茶主要包括萎凋和干燥两个步骤，目的是保持茶叶的自然风味。白茶的分类主要根据茶叶采摘的部位，常见的白茶有白毫银针（仅由嫩芽制成）、白牡丹（由一芽一叶或一芽二叶制成）、贡眉（菜茶嫩梢制成）和寿眉（多采一芽三四叶）等。这些茶品各有特色，口感从清雅、柔和到略带甜味和果香不等[17]。

武夷山地区以不同茶树品种加工制成各具特色的白茶，政和白茶、建阳小白茶、水仙白、松溪九龙大白都很受大家的欢迎。

政和白茶以政和大白品种为原料，所产政和白茶以细腻的花香闻名，味感鲜纯、清新、微甜无涩感；建阳小白茶外形幼嫩、毫心纤细、芽叶连枝，色泽灰绿或墨绿，有淡雅的清香和清亮的颜色，口感清爽；水仙白发源地在建阳的小湖镇大湖村，是由水仙茶树品种制作的白茶，有特殊的品种香气，茶汤非常的醇柔；松溪九龙大白采用九龙大白品种制成，品质特征是芽头肥壮、满披白毫、色泽如银，茶汤清澈明亮，滋味特点主要是香高、味足、鲜爽、醇厚。

白茶富含多酚类化合物，如儿茶素及茶氨酸和黄酮类等，这些成分被认为具有多种健康益处[18]。

白茶因其简单朴素的清雅香气、淡而有味的茶汤和清澈明亮的色泽而成为茶友们喜爱的新热点。

当谈到与白茶搭配的茶食时,应选择能够衬托其清雅特性、不盖过其细腻口感的食物，在享用白茶及其茶食搭配时，建议根据个人的口味偏好来选择，不同的搭配能够带来不同的品茶体验。同时，应注意茶食的分量，以免过多的食物影响了品茶的感受。

Ps. 白茶茶食搭配推荐风味

自然甜味 / 柔软 / 轻盐 / 淡雅 / 自然花香

政和白茶茶食搭配推荐

坚果和干果：如核桃、葡萄干等，这些茶点的自然甜味和香脆的口感，可以与政和白茶的醇厚和滋味相得益彰。

中式点心：如蒸饺、粽子等淡淡口味的中式点心，它们的鲜美可以与政和白茶的清香和甘甜相辅相成。

建阳小白茶茶食搭配推荐

轻质糕点：如轻盈的海绵蛋糕、戚风蛋糕，它们的细腻质地和淡雅的甜味能够与建阳小白的淡雅清香和清爽口感相得益彰。

素食小吃：如白糖糕、绿豆糕等传统中式甜点，其自然的甜味和柔软的口感可以与茶汤的清甜相互呼应。

水仙白茶食搭配推荐

白牡丹或寿眉等级的水仙白：可以选择轻盐味的小食，如微盐杏仁、海苔卷等，它们的淡淡咸香能够提升水仙白茶的香气和醇柔口感。

白毫银针等级的水仙白：更适合搭配微甜的干果，如无花果干、杏脯等，这样的搭配能够衬托出茶汤的甜润和细腻。

松溪九龙大白茶食搭配推荐

精致糕点：如马卡龙、小法式塔等西式甜品，它们精致的外形和丰富的口味能够与松溪九龙大白茶的清高香气和鲜爽口感相匹配。

清淡的中式糕点：如花卷、桂花糕等，这些带有自然花香或轻微甜味的茶点，可以进一步提升茶的清甜和滋味。

另外，必须要说说老白茶。

白茶有“一年茶、三年药、七年宝”的说法。指的是白茶陈放过程中，其中的一些成分如茶多酚、儿茶素等经过氧化、聚合等复杂的化学反应，其内含的物质成分发生了显著的转化，白茶在陈放的过程中，口感从最初的清新、轻柔逐渐转变为更加醇厚、回甘，风味也从简单的花香、草香演变为更加复杂的果香、木香甚至药香，这种转变使得老白茶成为一种集美味与养生于一身的独特饮品[19]。“七年宝”的说法不只是强调老白茶的药用价值，也暗示了这种茶随时间而增长的口感和风味的宝贵。

老白茶的实际效果会受到许多因素的影响，包括原料的品质、存储条件、个人体质等，因此其具体的健康效益可能会有所不同。

老白茶以温和、醇厚的口感和复杂的风味著称，搭配陈皮煮饮添加橘香口感顺醇，滋味极妙。

老白茶在选择茶食搭配时，既可以考虑与其风味相辅相成的食物，也可以考虑一些能够衬托其独特口感的轻食。

老白茶中的白毫银针具有独特的蜜韵，可以与一些口感清淡、细腻的糕点搭配，如绿豆糕、山药糕、鲜花饼等。这些糕点不会掩盖银针的香气，反而能与之相互衬托，增添口感的层次感。搭配一些传统的茶食也很不错，如瓜子、花生、开心果等。这些坚果的香脆口感可以与银针的醇厚滋味形成对比，同时也能增加品茶的趣味性。蜂蜜柠檬片、桂花蜜饯、金橘蜜饯等，它们的酸甜味道能与银针的蜜韵相得益彰，带来一种清爽的口感。

老白茶中的白牡丹具有杏仁果香和甜糯枣香，可以尝试搭配一些口感柔软、香甜的糕点，如枣泥蛋糕、杏仁酥、豆沙面包等。这些糕点的香甜味道能够与白牡丹的枣香和果香相互呼应，营造出丰富的口感层次。具有坚果香气的茶食，如腰果、夏威夷果、巴旦木等，它们的香脆口感与白牡丹的醇厚口感相得益彰，同时也能增添一份坚果的香气。蜜枣、红枣干、葡萄干等蜜饯也是不错的选择，它们的甜度能够与白牡丹的香甜口感相匹配。

老白茶中的贡眉和寿眉具有荷叶香、枣香和药香的口感，可以选择一些口感较为清爽的糕点，如绿豆糕、绿茶糕、桂花糕等。这些糕点的清新口感能够与贡眉、寿眉的荷叶香相得益彰。椒盐花生、五香蚕豆、牛肉干等的咸香味道可以与贡眉、寿眉的枣香和药香形成对比，增加口感的层次感。陈皮、话梅、金橘干等蜜饯也是不错的选择，它们的酸甜味道能够与贡眉、寿眉的醇厚口感相互映衬，带来一种酸甜可口的味觉体验。

第四节
新茶饮　武夷山和都市双行

人们对传统含糖碳酸饮料的消费正在逐年递减，新茶饮通常使用天然茶叶和新鲜水果、鲜花和奶制品作为原料，相较于过去的甜饮料，被视为是更健康的选择。

全球化使得不同文化之间的交流和融合加速，西方的咖啡文化和东方的茶文化相互影响，也促进了新茶饮这种结合东西方饮品特点的产品的出现。追求个性化、创新和社交分享的新生代正在成为新茶饮消费的主力军，新茶饮通过不断推出新口味、新概念的产品以及利用社交媒体进行营销，吸引了大量年轻消费者[20]。

武夷山地区作为中国茶文化的重要发源地，不仅以传统茶叶著称，也在不断创新中融入现代茶饮文化。

随着新茶饮的兴起，武夷茶也涌现出了一些结合传统茶叶特色和现代饮品概念的新茶饮产品，这些新茶饮往往注重保留武夷茶独有的风味，同时融入现代消费者偏好的元素[21]，如轻食概念、健康理念、创新口感等。

武夷新茶饮

岩茶拿铁：结合了武夷岩茶独特的岩韵和牛奶的浓郁，创造出口感顺滑、味道独特的新式茶饮。

冷泡武夷茶：利用冷水萃取武夷茶的方法，减少了苦涩成分的释放，保留了茶叶的清新口感和香气，适合炎热的夏季饮用。

茶香果昔：将武夷茶与新鲜水果汁或果泥混合，制成清新果香与茶香交织的健康饮品，既保留了茶的清新，又增添了水果的甜蜜。

茶基鸡尾酒：使用武夷茶作为基酒，与其他酒饮料混合调制，创造出既有茶的清香又可微醺的复合型饮品。

茶味冰激凌和甜点：将武夷茶的提取物融入冰激凌或甜点中，创造出新颖的茶味冰品和糕点，既有茶的清香又有甜品的甘美。

新茶饮表达了武夷茶的多样化应用，因其创新、健康和个性化的特点而受到广泛欢迎，特别是在追求生活品质和健康饮食的年轻人群体。

与新茶饮搭配的茶食应该既能衬托茶饮的独特风味，又能满足现代人对健康和轻食的需求，在享受新茶饮和茶食搭配时，可以根据个人口味和场合需要灵活选择，创造出自己喜爱的组合。

新鲜的季节性水果如草莓、蓝莓、杧果、猕猴桃等健康的水果拼盘，不仅能够作为健康小食，还能与茶饮中的果香相呼应，增添一份清新自然的风味。

马卡龙、水果塔、法式小蛋糕等精致的法式甜点的精致和多样化口味能够与新茶饮的创新概念相匹配，同时也满足对美食的追求。

采用蔬菜、水果或豆腐等填充的寿司和春卷素食不仅健康轻盈，还能够以其清爽的口感和丰富的色彩搭配新茶饮，提供丰富的味觉体验。

口感和味道各异的芝士，搭配杏仁、核桃等坚果既能衬托出茶饮的多层次口感，又能满足对健康食品的需求。

以全麦面包、鸡胸肉、鲜蔬和低脂调料制作的迷你三明治或沙拉，不仅健康，还能与新茶饮的轻松感觉相得益彰。

豆沙包、绿茶糕点等这些融合传统与现代的中式点心，能够与新茶饮中的东方元素相互呼应，提供一种跨文化的品鉴体验。

快节奏的城市生活让人们更加渴望在日常生活中寻找小确幸，一杯新茶饮往往能成为忙碌一天中的一处慰藉，满足都市人群对慢生活的向往。

武夷新茶饮作为一种将传统茶文化与现代饮品趋势相结合的创新，也正在促进武夷山与都市间的城乡双行。

参考文献

[1] 陆羽:《茶经》，北京，中华书局，2010年。

[2] 陈泉宾:《土壤条件对武夷岩茶品质的影响与调控》，硕士学位论文，福建农林大学茶学专业，2005年。

[3] 张天福:《福建乌龙茶》，福建，福建科学技术出版社，1990年。

[4] 萧天喜:《武夷茶经》，福建，海峡书局，2014年。

[5] 邵长泉:《岩韵》，福建，海峡文艺出版社，2016年。

[6] 刘仲华:《武夷岩茶品质化学与健康密码》，湖南，湖南科学技术出版社，2022年。

[7] 叶江华:《大红袍茶树生长及鲜叶品质与土壤特性的相关性》，《森林与环境学报》，2019年第5期。

[8] 姚月明:《武夷极品—肉桂》《茶业通报》，1982年第5期。

[9] 吴素青:《武夷水仙茶不同加工工艺对品质影响的研究》，《福建茶叶》，2023年第3期。

[10] 刘文静:《福建省3类陈年老茶主要成分含量分析》，《江苏农业科学》，2022年第4期。

[11] 吴俊:《不同贮藏时间武夷岩茶风味品质化学差异》，《食品科学》，2024第4期。

[12] 姚月明:《武夷岩茶之特征和品鉴方法》，《农业考古》，2003年第4期。

[13] 都芃:《红茶:源自中国飘香世界》，《中国食品》，2024年第5期。

[14] 魏靖宇:《浅析红茶对英国的影响》，《福建茶叶》，2022第12期。

[15] 刘德荣:《正山小种红茶“金骏眉”的制造技术》，《中国茶叶加工》，2010第1期。

[16] 李奕奕:《探秘红茶中的化学奥秘》，《化学教育(中英文)》，2024第16期。

[17] 吴锡端等:《中国白茶》，湖北，华中科技大学出版社，2017年。

[18] 叶文祺:《不同产地白茶的感官品质及化学成分分析》，《特种经济动植物》，2023第3期。

[19] 郭陈胜:《白茶药理作用及保健功效研究进展》，《福建茶叶》，2024第3期。

[20] 尹军峰:《新式茶饮业现状与发展趋势》，《中国茶叶》，2021年第8期。

[21] 程皓:《全球食品趋势及中国现状洞察》，《益普索中国》，2022第7期。

第六章

武夷茶与茶宴

本章概述

从慢亭宴开始，在武夷山，无论是体现地方特色的“武夷茶宴”还是融合哲学思想的“朱子家宴”，或是随四季行走品尝美味的茶食料理，都值得我们多点时间去细细探索和认真体会。

第一节
幔亭宴

幔亭宴，是武夷山传说中一场规模宏大的宴会。

唐元结《诸山记》之《武夷君》记载的幔亭宴是记录闽菜宴席史的首份菜谱[1]。五道肴品为：水苔、荇菜、蟹、虾、干鱼。

为了便于对照，谨录元结《武夷君》全文。

“武夷山有神人，号武夷君。一日语人曰：汝等以八月十日会于山顶。是日村人毕集，见采缦、屋宇、器用甚设，闻空中人声不见其形，令男女分坐食酒肴。须臾乐作，曰张安陵挝引鼓，如今杖鼓之状；赵元胡拍副鼓；刘小金坎答鼓；鲁少重摆鼗鼓；乔知满振嘈鼓；高子春持短鼓管；师鲍公吹横笛；何凤儿抚节板；弦师董娇娘弹坎侯即箜篌也；谢英妃抚长离，即大筝也；吕荷香戛圆腹，即琵琶也；管师黄坎姑噪悲傈，即觱篥也；韩季吹洞箫；米小娥韵居巢，即大笙也；金师罗妙容挥镣铫。即铜钹也；郝幼仙击蝶铉，即平底斯锣也。但见乐器不见其人，酒行命食，或云菲，即水苔也；或云缃蕤，即荇也；或曰“珀”“脏”，即小蟹也；或云沙江鲊，即虾也；或云何祇脯，即干鱼也；味皆甘美，惟酒味差薄。诸仙既去，众皆欢喜，曰：我等凡夫与神君同会幔亭，因名其地为同豪。”[1]

这是最初描述“幔亭宴”的故事：传说中的武夷君设宴请乡人，菜肴丰盛精致，酒水也充满讲究，再请了乐队奏乐以助兴。这场神话盛宴，表达了古代武夷山人追求美好生活的愿景。

中国古人对于宴会或聚会的重视反映了生活中的礼仪感和美学追求，同时也传递着他们对社交和情感维系的深刻理解。在古代，无论是盛大宴会还是小型聚会，都会因场合、身份、目的的不同而赋予特殊的内涵。

自古以来，食物不仅维系着生命的基本需求，还成为快乐的源泉、人类交流的基础、互动的载体，也是经济活动的重要组成部分和社会结构的关键支柱。

《武夷山志》详细记载了关于武夷山悠久的茶文化，包括茶树栽培历史、茶园管理、茶叶制作技艺，以及与茶相关的食品和饮食习惯[2]。

第二节
武夷茶宴

武夷茶宴是将传承千百年的茶文化与饮食文化相结合的独特形式。

2021年4月，武夷茶宴被列入第五批武夷山市级非物质文化遗产项目，2023年10月又被列入南平市第十批市级非物质文化遗产项目。

武夷茶宴以茶入菜，就地取材，巧妙地将武夷茶与闽北山珍特产融合，以茶代酒，独具茶韵。其菜色丰富，包括“十大碗、六大六小、八大八小、四盘六碗、四盘八碗之分”，用料考究，制作精美，具有浓郁的武夷特色。选取岩茶、红茶、白茶和当地食材纳入菜肴的茶膳不仅保留了茶叶的香气和滋味，更加入食材的多重口感，是对味觉的一种全方位体验[3]。

武夷茶宴的菜式做法繁多，蒸、熘、爆、炒、焖、炖等都派上用处，或利用茶汁或利用青叶、片叶生炸，研末烹汤，切叶混炒，或以茶为主料，或为配料，不一而足。

武夷茶宴里常见的有茶叶焖猪脚、茶香排骨粽子、茶叶烧里脊肉、茶汤蒸稻花鱼、茶叶熏鱼、茶汤炖鸡块、茶叶干炸大虾、茶香竹笋、大红袍烤鸭、茶香酥皮鱼、茶香糯米球、武夷茶冻、肉桂炖牛肉、水仙炖水鸭、岩骨花香烤羊排、铁罗汉酿笋尖、大红袍茶叶蛋、正山红茶小汤圆、武夷风味茶冻等等。这些菜肴在武夷山都有机会品尝到。

武夷茶宴是大自然的馈赠，经人之手巧妙转化，成为桌上的艺术品，让人在品尝之余，更加尊敬自然、热爱生活。

武夷山的崇阳溪畔，可以遇到不同大小规模、调性不同的酒店、餐厅和茶坊。

武夷山人好客，不管是在66公里的沿溪步道，还是无目的慢慢走茶厂聚集的天心村和三姑的街巷，都会有茶家院落的主人热情地招呼你坐下喝茶，可能还有来自天南地北的新朋友分享他们对武夷山的印象。

可以安排起来，武夷山走一走，同时，打卡环武夷山国家公园全长约251公里环线内外的21个A级旅游景区，11个乡镇、40个村落，在这道美丽的生态走廊风景线里，武夷山地区的风土人情一定可以给人无限惊喜。

第三节
朱子家宴

朱熹（1130—1200），字元晦，一字仲晦，号晦庵，又号紫阳，世称晦庵先生、朱文公。祖籍徽州府婺源县（今江西省婺源县），出生于南剑州尤溪（今福建省尤溪县）。南宋理学家、哲学家、思想家、政治家、教育家、诗人，与武夷山有着深厚的渊源。他在武夷山生活和讲学多年，将儒学思想与自然山水融为一体，开创了独特的“闽学”派别，对后世产生了深远影响。

在武夷山，朱熹设立了著名的武夷精舍，招收门徒讲授儒学，传播自己的理学思想。他深信“天人合一”的理念，并倡导“格物致知”的方法，鼓励人们通过对自然和事物的观察与思考，提升道德修养与智慧[4]。武夷山的灵秀山水为朱熹的哲学思想提供了生动的背景，他的学说也使武夷山成为南宋时期重要的学术与文化交流中心。

此外，朱熹还留下了不少吟咏武夷山的诗作，对武夷山的自然之美和精神内涵给予高度赞誉，这些诗篇为武夷山增添了人文色彩[5]。武夷山因朱熹而更加闻名于世，也逐渐成为理学圣地，许多后世学者慕名前来，继承和发扬朱熹的思想。

朱熹一生注重礼仪，热情好客又恪守“勤俭持家之本”的家训，为此，他待客时常以本土食材精心制作，形成了富有特色、美味可口、经济实惠的家宴菜品。后来武夷山人将由朱熹创制以及以朱子文化演绎的一些新菜品，编制成一套系统的菜谱，称作“朱子家宴”[2]。菜品主要包括以下几道：

1. 文公迎宾：主要食材包括土猪肉、米粉、农家冻米、农家饼干、木香菇、鲜荸荠等十几种配料。据传是朱子为孝敬母亲而发明的，取名“文公菜”，因其易嚼且营养丰富，成为孝顺敬老的标志。

2. 煮莲教子：主要食材是五夫莲子。相传朱子母亲常煮莲子汤给他喝，寓意慈母的怜爱之心。

3. 砚田笔耕：主要食材是五夫田螺、料酒、辣椒、黄瓜。这道菜取材于五夫当地的田螺，寓意朱子在著书立说的同时也要勤于农事。

4. 积善余庆：主要食材是五夫黄鳝、料酒、葱蒜、辣椒。黄鳝有“穿地乌龙”之称，营养丰富，寓意“积善之家，必有余庆”。

5. 方塘金鳅：主要食材是五夫泥鳅、芋子、料酒、葱蒜、辣椒。这道菜取材于五夫的泥鳅，寓意丰收和富足。

6. 金榜题名：主要食材是五夫猪蹄，寓意金榜题名，功成名就。

“文公菜”（该菜品2017年列入福建省非物质文化遗产名录）是朱熹自己动手制作的一道“什锦”菜。文人墨客雅集小酌，交口称赞，很快在乡村流传。因为朱熹谥号为“文公”所以又叫“文公菜”。800年来“文公菜”一直在民间流传，已经成为武夷山宴请贵客的传统名宴。

朱子家宴是福建省南平市武夷山市民俗，属于福建省省级非物质文化遗产。

朱熹在年少时便定下生活准则，以茶代酒，注重养生。

朱熹在武夷山五夫里生活期间，坚持著书立说，并在云谷山修筑“晦庵草堂”，培植茶树，推广茶叶种植。他还撰写《劝农文》，鼓励农民种植茶叶，并在武夷精舍前溪中煮茶论道，留下了许多与茶相关的诗作，如《咏武夷茶》和《茶坂》等。他在饮茶上也有独到的理念，武夷山还有以他的饮茶思想为指导、结合武夷茶文化的朱子茶宴。

朱子茶宴通常在清幽雅致的环境中进行，通过品茶、赏诗、听琴等活动，使参与者在茶香中领悟儒家的道德和哲学，达到身心的和谐与提升[6]。茶宴中茶的泡法、品饮的礼仪都讲究极致，每一杯茶，每一个动作，都富有深意，让人在潜移默化中受到教化。

第四节
四季的茶食料理

茶食料理是将茶作为核心食材或调味元素的料理形式，利用茶的香气、滋味和独特的养生功效，蕴含着丰富的文化意境。不同于一般的茶点或茶饮，茶食料理将茶的特性融入菜肴的创作中，通过茶叶、茶粉、茶汤等不同形式，将茶的风味、色泽、口感和文化融入菜肴，使其成为料理的重要组成部分，带来独特的感官和精神体验。

茶食料理的主要表现形式

1. 茶香调味

通过茶叶或茶汤的香气调味，赋予料理独特的芳香层次。

2. 茶汤入馔

茶汤可以作为汤底、烹调液或煮沸食材的介质，为菜肴增添茶的天然滋味。

3. 茶叶作为食材

将茶叶直接用作食材，入菜入馔，提升料理的口感和风味。

4. 茶食物化

不同茶类的特性可带来不同的口感体验，茶叶的健康功效和天然风味被用以平衡和提升菜肴的整体口味。

5. 茶意境的表达

茶食料理还注重视觉和意境的呈现，茶道文化中的宁静、自然、美学也融入菜品摆盘中。用简约的方式呈现料理，如搭配天然的装饰或使用茶席上的器具。

茶食料理的过程强调天然、健康与文化融合，将茶的平和、包容之意通过料理呈现出来，让人们在味觉体验之外，感受到茶文化的深层意境。

在茶乡走走停停

一年十二个月，武夷山地区的乡野都会有不一样的变化。走走停停，从春到冬，每一杯武夷茶都带着时令的气息，与当地新鲜食材结合的茶膳是茶乡的季节味道。

那么，用十二道菜谱来感受四季的更迭与茶膳的温柔守护吧。

1. 立春

立春，“立，始建也。春气始而建立也。”作为春天的第一个节气，立春标志着春天的开始。春天肝气生发，宜食用辛甘发散之品[7]，契合春阳升发的特征。武夷茶之肉桂有温辛之性，是为本时节饮茶佳选。同时，茶食搭配宜减酸增甘，顺昌大米、松溪甜玉米等都是立春茶膳制作的好食材。

立春茶膳推荐：武夷肉桂茶粥

配料 大米 50 克、武夷肉桂茶叶 3 克，清水适量。

做法 将大米洗净后浸泡 30 分钟，加入适量清水煮沸后转小火慢炖。武夷肉桂用开水冲泡 3~5 分钟，取茶汤倒入粥中，继续煮至粥稠即可。

肉桂香气馥郁，层次多变；大米味甘，可滋养脾胃之气，对于脾胃虚弱、疲倦乏力的人群来说，大米可以起到很好的调养作用。武夷肉桂粥是一道结合了武夷山特产的肉桂和大米的茶膳，有养护脾胃柔肝升阳之功效。

2. 惊蛰

惊蛰，“二月节，万物出乎震，震为雷，故曰惊蛰。是蛰虫惊而出走矣。”作为春季的第三个节气，惊蛰前后阴寒之气渐降，阳气升发[8]。武夷茶之白瑞香有清利头目之功，茶食搭配应继续保持“少酸增甘”以养肝气，防止肝阳上亢影响脾胃。此时节，延平春菜、顺昌花猪、闽北地瓜叶等都是惊蛰茶膳制作原料的佳品。

惊蛰茶膳推荐：武夷白瑞香炖排骨

配料　排骨 500 克、武夷白瑞香茶叶 5 克，姜 3 片、蒜 3 瓣、葱 1 根、八角 2 颗、桂皮 1 小块、香叶 2 片、老抽 1 汤匙、生抽 2 汤匙、料酒 1 汤匙、冰糖适量、盐少许，食用油适量。

做法　将排骨洗净，剁成小块，放入开水中焯水去血沫，捞出备用，将武夷白瑞香用开水冲泡 3~5 分钟，取茶汤备用。锅中放少量油，加入冰糖，小火慢慢炒至冰糖融化，变成金黄色，将焯好水的排骨放入锅中，翻炒至上色。加入姜片、蒜片、葱段、八角、桂皮和香叶炒香，加入料酒、老抽和生抽，继续翻炒均匀，倒入泡好的武夷白瑞香茶汤，没过排骨。大火烧开后转小火，盖上锅盖慢炖 40 分钟至排骨熟透，期间可根据口味适量加盐调味，排骨熟透后，开大火收汁，使汤汁变得浓稠即可。

武夷白瑞香清新馥郁、余韵悠长，其香气能增加菜肴的风味；排骨含有丰富的蛋白质和钙质，有助于增强体力和骨骼健康。武夷白瑞香炖排骨结合了茶的清香和肉的鲜美，适合作为春季养生的一道佳肴。

3. 清明

清明，是春季的第五个节气，此时气温回升，人体内肝气渐旺。在养肝护肝基础上，不宜过度补肝，以调理脾胃兼顾肺肾、调和阴阳、祛湿扶助为养生重点[9]。武夷水仙茶有祛湿利水之效，是此时节饮茶首选，而应季的建瓯竹笋、贡菜、延平小叶韭菜等食材皆可用于茶膳的制作。

清明茶膳推荐：高枞水仙炒春笋

配料　春笋300克、武夷高枞水仙茶叶5克，食盐适量、蒜瓣2瓣（切片）、葱花适量、食用油适量。

做法　将春笋去皮，切成薄片或条状，放入开水中焯水去涩，捞出后过冷水，沥干备用。将高枞水仙用开水冲泡3~5分钟，取出茶汤备用。锅中加入适量食用油，油热后放入蒜片爆香。加入春笋快速翻炒，使其均匀受热，加入适量食盐调味，将泡好的高枞水仙茶叶加入锅中，与春笋一起翻炒，使春笋吸收茶叶的香气，可以选择加入少量茶汤，增加菜肴的湿润度，春笋熟透后，撒上葱花作为装饰，快速翻炒均匀后，即可出锅装盘。

高枞水仙茶香浓辛锐，其清香可以提升菜肴的风味；春笋含有丰富的膳食纤维，有化痰涎、消食胀的功效。高枞水仙炒春笋色泽清爽，是健康饮食的理想选择之一。

4. 立夏

立夏是夏季的第一个节气，季节由春转夏，预示着万物进入旺盛生长的阶段，养生的原则逐渐从“护肝”转变为“养心”[10]，立夏时节处于节气相交，人体新陈代谢旺盛，心气偏亢易致心神不宁等表现，此时应以养心为要。武夷茶之白鸡冠有辟秽、清热之用。邵武竹荪、建阳茶树菇等食材搭配白鸡冠皆能够烹饪出美味的茶肴。

立夏茶膳推荐：武夷白鸡冠竹荪豆腐羹

配料 竹荪8根、豆腐100克、武夷白鸡冠茶叶5克，盐、淀粉适量，香油适量。

做法 将干竹荪用温水泡发，中途多次换水。泡发后，用面粉轻轻搓洗竹荪，去除杂质，然后去头去尾，切成小段备用。白鸡冠用开水冲泡3~5分钟，取茶汤备用。将嫩豆腐切成小块，放入开水中焯烫一下以去除豆腥味。锅中倒入适量的茶水，加入竹荪、豆腐，大火煮沸后转小火炖煮，最后加盐调味，用淀粉勾芡，淋上香油即可。

白鸡冠茶香气清幽、回甘隽永；竹荪性味甘凉，能够清热利湿、益气养阴。武夷白鸡冠豆腐羹结合了白鸡冠茶的特有香气和竹荪的鲜美脆嫩，是一道颇具特色的初夏茶膳。

5. 芒种

芒种，“种”有播种之意，此时是谷类作物耕种的节令。作为夏季的第三个节气，芒种时节，夏季的特征越来越明显，气温逐渐升高，人体阳气外发，心火旺盛，此时养生应重在养心，尤宜食用养心安神之品[11]。武夷茶中的白毫银针和白牡丹等白茶茶性清凉，具有清心安神之效，武夷山本地的水鸭、邵武百香果等是芒种茶膳制作原料的佳品。

芒种茶膳推荐：白牡丹茶香水鸭烩

配料 水鸭半只、白牡丹茶 8 克，姜 3 片、葱 2 段、料酒 10 毫升、盐 3 克、枸杞 5 克、红枣 3 颗，食用油 10 毫升、清水适量。

做法 水鸭切块，冷水加 2 片姜、5 毫升料酒，水开后撇去浮沫，捞出鸭块洗净备用。白牡丹茶用 100 毫升开水冲泡 3 分钟，取茶汤备用。锅中倒油，油热后放 1 片姜、2 段葱爆香，加鸭块翻炒至微黄。鸭块放炖锅，加红枣、枸杞、茶汤、5 毫升料酒和适量清水，大火烧开转小火炖 40 分钟。加盐调味，再炖 5 分钟即可。

白牡丹茶茶性清凉，水鸣口感细腻有韧性，能够滋养心经，起到平抑心火的作用。白牡丹茶香水鸭烩香味浓郁，营养价值高，尤适于缓解芒种时节人们可能出现的困倦、精神不振等情况。

6. 小暑

小暑是夏季的倒数第二个节气，“暑”表示炎热，意味着小暑时节开始气温逐渐炎热，此时暑气升散，腠理开泄，在饮食上宜选性味偏甘凉之品[12]，以滋阴生津，养心除烦。白毫银针和寿眉等武夷白茶味甘性凉，具有清热降火、抗疲劳、助消化等作用，松溪水南冬瓜、延平黄瓜、邵武百香果都是小暑茶膳制作原料的佳品。

小暑茶膳推荐：寿眉茶香黄瓜拌

配料　黄瓜 1 根、寿眉茶 5 克，蒜 2~3 瓣、盐 3 克、白糖 5 克、生抽 8 毫升、香醋 5 毫升、香油 5 毫升、白芝麻少许。

做法　黄瓜洗净拍碎或切成小段放入碗中。寿眉茶用开水冲泡 3~4 分钟，捞出茶叶，茶汤晾凉。蒜切末，与盐、白糖、生抽、香醋、香油混合制成调味汁，倒入黄瓜中。再加入晾凉的茶汤和沥干的茶叶，搅拌均匀，撒上白芝麻即可。

黄瓜含水量高、口感清爽，能清热解渴。寿眉茶的清香为黄瓜增添风味，茶中的成分有清热作用。二者搭配的凉菜有较好的开胃消暑的功效。

7. 立秋

立秋，进入秋季的第一个节气，标志着阴阳之气开始转化。但余暑未消，又有雨水频降，此时便是中医里常说的“长夏”，而脾主长夏，在饮食上便要更注意脾胃的养护，进食易于消化、富有营养之品[13]。老枞水仙、肉桂等武夷岩茶茶性温和，可促进脾胃的运化，适合该时令饮用。同时，邵武蜂蜜、邵武银耳都是立秋烹煮茶膳好原料。

立秋茶膳推荐：水仙银耳羹

配料 邵武银耳半朵、老枞水仙茶叶 5 克，冰糖若干（根据个人口味调整）。

做法 将银耳用清水泡发，一般需要 2~3 小时，泡发至银耳变软，体积增大数倍。老枞水仙茶叶开水冲泡 3~5 分钟，取茶汤备用。泡发好的银耳去除根部黄色部分，撕成小朵。锅中加入适量清水，放入银耳小朵，大火煮开后转小火慢炖约 1~2 小时，至银耳变得软糯浓稠。加入老枞水仙茶汤和冰糖，继续煮 10~15 分钟，至冰糖完全融化即可。

老枞水仙的优雅茶香与银耳的滑嫩口感相得益彰，在立秋时节食用，能够起到调理脾胃的功效。银耳具有滋阴养胃、健脾益气的作用。

8. 白露

白露，作为秋季的第三个节气，有着典型的秋燥气候。肺与秋气相通，燥邪最易伤肺，因此白露时节养生应以润肺化燥、养阴生津为主，饮食上宜“少辛多酸”[14]。武夷岩茶中的大红袍、水仙等具有消除体内余热、滋养肺腑、恢复津液的功效，搭配武夷山地区的番薯、政和高山土豆、邵武黑木耳皆可烹调出适合时令的茶膳。

白露茶膳推荐：红袍番薯粥

配料 大番薯1~2个（约200~300克）、红袍茶叶5~8克、大米100克、水适量、冰糖（可选）10~15克。

做法 大米洗净，浸泡30分钟。番薯去皮洗净，切成小块。大红袍茶叶用开水冲泡3~5分钟，捞出茶叶，留茶汤备用。将浸泡好的大米放入锅中，加入适量水，大火煮开后转小火煮15~20分钟。放入番薯块，继续煮15~20分钟，至番薯软烂、大米开花。倒入适量大红袍茶汤，搅拌均匀。若喜欢甜味，可加入冰糖，再煮3~5分钟即可。

武夷山本地的番薯软糯香甜，营养丰富，与武夷山大红袍的甘滑口感相得益彰，在白露时节食用，能够起到滋阴润肺、缓解秋燥的作用。

9. 寒露

寒露是秋季的第五个节气，阳消阴长，人体的阳气开始内收，阴气逐渐增长。这个时节的特点是“燥”邪当令，日常宜食益气润肺之品[15]，在武夷茶的选择上，以红茶、乌龙茶当首推，如大红袍、水仙等可润肺化燥、益气暖胃，茶食宜佐柔润甘温之品，武夷山本地的五夫莲藕、吴屯稻花鱼、延平快白菜都是茶膳制作原料的佳品。

寒露茶膳推荐：水仙茶香稻花鱼

配料 武夷山稻花鱼一条、武夷水仙茶叶适量，姜片、葱段（适量，用于腌制和去腥），料酒、生抽、老抽各 1 勺，盐、白糖少许，食用油、清水适量。

做法 将稻花鱼宰杀干净，用料酒、姜片和葱段腌制鱼身 10 分钟。取适量水仙茶叶，开水冲泡 3~5 分钟，茶汤和茶叶备用。油热后将腌制好的稻花鱼放入锅中，煎至两面金黄，捞出备用。在蒸盘底部铺上一层姜片和葱段，将煎好的稻花鱼放在上面，撒上适量的水仙茶叶、盐、生抽、老抽和少许白糖，加入适量的茶汤，水量以没过鱼身为宜。将蒸盘放入蒸锅中，大火蒸制约 10~15 分钟，直到鱼肉熟透。

武夷稻花鱼肉质细腻，其蛋白质、氨基酸含量高，有助于增强人体免疫力，促进肌肉生长和修复。稻花鱼还富含不饱和脂肪酸，对心血管健康有益，结合水仙本身的茶黄素，这道乌龙茶香稻花鱼有降低胆固醇、预防血栓形成之效。

10. 立冬

立冬，标志着冬季的开始。此时阳气开始逐渐潜藏，阴气则逐渐盛极。这一变化反映在人体上，即人体的阳气也开始向内收敛，以适应外界寒冷的环境[16]。武夷肉桂性温味甘，有温中散寒之效，在茶食方面，应忌生冷，多用一些滋阴潜阳、热量较高的膳食。武夷山地区的顺昌花猪、岚谷熏鹅、槟榔芋、高山土豆等都是立冬时节制作茶膳的好食材。

立冬茶膳推荐：武夷双桂芋片

配料　新鲜槟榔芋 500 克、武夷肉桂茶适量、肉桂粉 1/2 匙、蜂蜜适量，盐少许，适量生抽，1 匙蒜末、1 匙姜末橄榄油少许。

做法　将槟榔芋去皮，切片，浸泡在加了少许盐的清水中。准备一锅水，加入武夷肉桂茶叶和肉桂粉，煮沸后放入槟榔芋片，用中火煮至芋片变软后取出，沥干水分，待凉。在一个小碗中，混合生抽、蜂蜜、蒜末、姜末和橄榄油，搅拌均匀成为调味汁。将调味汁均匀地淋在芋片上，确保每一片都裹上调味汁，即可食用。

这道菜结合了槟榔芋的绵软、肉桂的香气和茶叶的清新，不仅美味可口，还有益气润肺、清热生津之效，同时还可促进消化，是老少皆宜的餐桌美食。

11. 大雪

大雪是冬天的第三个节气，养生应顺应自然规律，注重养藏，以固护阴精为本[17]。武夷金骏眉，可补益身体，养蓄阳气；老白茶温润柔和可缓冬季的燥热。茶食搭配宜注重养藏、固护阴精。此时节，番薯、脐橙、山药、延平橘柚皆是应季蔬果，适宜佐茶，入作茶膳。

大雪茶膳推荐：金骏眉枣泥山药饼

配料　金骏眉茶粉50克、山药500克、红枣100克（去核），糯米粉150克、白糖适量、清水适量，食用油少许。

做法　将山药去皮，洗净后切成小块，放入蒸锅中蒸熟，压成泥状。将红枣洗净，去核，加入适量的水，用小火煮至红枣软烂，捣碎成泥状。再将山药泥、金骏眉茶粉、糯米粉和枣泥混合均匀，加入适量的清水，揉成面团。再将面团搓成长条，切成小段，每段搓成圆球，然后用手掌压扁成小圆饼。在平底锅中加入少许食用油，将山药小圆饼放入锅中，小火煎至两面金黄，煎好的枣泥山药糕放在厨纸上吸去多余的油分，即可装盘享用金骏眉饼。

山药是一味平补脾胃的药食两用之品，红枣也具有补中益气、养血安神之功，而金骏眉红茶又有蓄养阳气之效，三者结合，是冬日值得推荐的一道茶膳。

12. 小寒

小寒是冬季的第五个节气，中医认为寒为阴邪，小寒是最寒冷的节气也是阴邪最盛的时期，日常饮食中多食用一些温热食物以补养身体[18]。茶饮的选择也以性温热的正山小种、金骏眉为佳，茶食也当以温性食物为主，武夷山地区的光泽白羽鸡、建瓯锥栗、政和土豆和罗家地番薯皆是该时节上好的茶食原料。当然对体质偏热、偏实、易上火者应注意缓补、少食为好。

小寒茶膳推荐：正山小种地瓜酪

配料 地瓜500克、正山小种茶叶20克，牛奶200毫升、细砂糖50克、玉米淀粉30克。吉利丁片2片，用于凝固，增加稳定性。

做法 将正山小种茶叶冲泡5分钟，取茶汤备用。将地瓜去皮切块，放入蒸锅20分钟，用勺子或料理机捣成细腻的泥状。在锅中倒入牛奶，加入细砂糖，小火加热至糖完全溶解。取一小部分与玉米淀粉混合均匀，注意避免结块，将剩余部分继续加热至微沸，慢慢倒入玉米淀粉混合物，边倒边搅拌，直至酪液变得浓稠。将浓稠的酪液缓缓倒入预先准备好的茶汤中，搅拌均匀。再将细腻的番薯泥加入酪液中，轻轻搅拌，直至完全融合。最后将吉利丁片放入冷水中浸泡软化，然后挤干水分，隔水加热至融化。最后把融化的吉利丁液倒入酪液中，迅速搅拌均匀，把混合好的酪液倒入模具中，放入冰箱冷藏至少4小时，直至完全凝固。

正山小种的微苦与清香，番薯的自然甘甜，以及酪的细腻乳香相结合，正山小种地瓜酪绵软丝滑。同时，红茶可温煦阳气，而番薯性平，可补中和血，二者组合食用味美而不易温燥，是冬日值得推荐的茶膳。

米其林的推荐

近年来，《米其林指南》对茶食领域越来越关注，特别是在亚洲市场，同时还有欧洲，茶食的独特性和地方传统深受米其林评审的青睐。米其林不仅在一些高级茶餐厅或茶馆给予了星级评价，还在其“必比登推介”名单中纳入了诸如传统茶点、抹茶甜品等精致茶食，以展示当地茶文化的精髓[19]。

一些米其林星级餐厅甚至推出了茶食主题的“茶席料理”或茶食拼盘，将茶叶入菜的技艺融入高级料理中。同时，米其林指南也在关注可持续性，因此像茶叶来源的可追溯性、生态种植的食材和零浪费的餐饮模式等也成为评选考量的一部分。这种趋势展现了米其林对茶食文化的独特风味和文化传承的深层次认可。

几家被米其林推荐的店：

1. 北京

紫云轩茶事

一家高端茶馆。以传统茶席和精美茶点而闻名，包括各类茶和点心搭配，旨在提供沉浸式茶文化体验。

2. 上海

逸道

以茶道与淮扬菜相结合的餐厅。设有专业泡茶师，以天然泉水为客人冲泡优质茶饮，茶类选择非常丰富。餐厅的环境也以宋式美学为主题，营造出简雅疏阔的氛围，提供独特的用餐体验。

3. 杭州

龙井问茶

这家餐厅融合了龙井茶与当地菜肴，将茶叶融入菜品中，如龙井虾仁和茶叶炖汤等。其创新的茶食融合风格备受米其林评审认可。

4. 香港

大班楼

粤菜餐厅。推出一系列茶点，将经典茶楼点心与现代手法结合，广受好评。大班楼的菜单注重茶与点心的搭配，如普洱茶配烧卖、乌龙茶配叉烧包等。

Ming Court

专注将茶叶与粤菜结合的餐厅。其以乌龙茶等入菜的做法，获得米其林推荐。茶食体验是一大亮点，从茶香肉类到茶叶入馔的甜品均有丰富选择。

福和云吞面

虽然是一家以云吞面而闻名的餐厅，但其特别推出的茶食系列广受好评，在香港的茶餐厅文化背景下，福和云吞面成功将茶的醇厚与菜品结合，增添了更为地道的味道层次。

5. 台湾

山海楼 Mountain and Sea House

这家餐厅荣登米其林必比登推介，以“茶宴”出名，通过在菜肴中引入茶叶，使传统的台湾味道更具特色。山海楼的茶食种类丰富，从小吃到点心，以茶叶入味的特色茶点和甜品成为亮点，包括以东方美人茶调制的甜点和以红乌龙茶烘焙的糕点，均深受食客和米其林评委喜爱。

木野 Wu Pao Chun Bakery

虽然主要是一家面包店，但店铺推出用台湾茶叶制作的面包和茶点，如乌龙茶口味的面包，带有淡淡茶香和柔软口感。

6. 东京

茶筅 Chasen

茶筅餐厅以茶为主题，将抹茶、焙茶和煎茶等多种茶品运用到料理和甜点中。其茶餐包括抹茶芝士蛋糕和日式茶席料理，带给食客独特的茶食体验。

一汁三菜 Ichiju Sansai

茶餐厅。以抹茶入菜闻名，同时也提供传统日式甜点，如抹茶大福和焙茶冰激凌，充分体现了日本茶食的精致美学。

茶禅华

餐厅。将日本茶文化与中国传统饮食融合，提供以茶入菜的料理。例如，餐厅以日本煎茶、抹茶为基础，搭配当季食材进行创新烹调，将茶叶的涩味和清香融入菜肴中，使茶成为主角，而非简单的佐餐饮品。

7. 巴黎

Yam'Tcha

餐厅。将中国茶道和法国料理完美融合，提供丰富的茶食体验，厨师以精选茶叶搭配精致的法式点心，注重茶香与甜点的和谐。比如他们的茶搭点套餐，将白茶等茶品与甜点、巧克力等法式点心搭配，形成丰富的茶食体验，获得了米其林评审的高度评价。

8. 伦敦

Hakkasan

著名的现代中餐厅，Hakkasan 在其甜品菜单中加入了茶的元素。餐厅开发了多种茶叶风味的甜点和饮品，特别是抹茶味的冰淇淋、茶香巧克力等茶甜品，深受美食评论家的喜爱。米其林指南评价其在甜品中融入的抹茶、乌龙茶等茶叶香气为整体用餐体验增色不少。

这些店的成功反映了米其林指南在茶食领域的多元关注，从茶入馔到创新茶点，不仅呈现了地方特色，也体现出茶食与可持续消费、健康饮食的契合之处。米其林餐厅通过创新的方式将茶与餐点融合，不仅提升了茶食的艺术性和仪式感，也推动了中国茶文化在全球范围内的影响力。

《米其林指南》是全球最具权威性的美食指南之一，其星级评价系统是餐饮行业的最高荣誉。

评鉴体系

评鉴标准 主要包括食材、烹饪技巧、口味的融合、菜肴所展示的创意以及菜品的持续稳定性等。评鉴员会乔装成普通顾客四处暗访，观察店家最真实的一面，确保评鉴的中立与公正。

星级系统 米其林指南的星级系统分为一星、二星和三星。一星代表同类餐厅中的佼佼者，值得停留；二星代表出色的料理，值得绕道前往；三星则代表一流的佳肴，值得专程前往。

影响力

国际影响 米其林指南最初只在法国出版，后来逐渐扩展到其他国家。如今，它已成为全球最具权威性的美食及旅游指南之一，在多个国家和地区都有发行。

市场拓展 近年来，米其林指南开始积极开拓新市场，特别是在亚洲地区。例如，2008 年推出了香港、澳门篇；2018 年发布了首版广州米其林指南榜单；2023 年发布了北京米其林指南等。

家里的厨房

茶叶本身富含的多酚类物质具有多种生物学活性，有助于抗氧化、降脂、提高免疫力。将茶融入食材，既能减少食物的油腻感，也能带来自然的清新风味。茶的独特香气和微苦的甘甜可以提升食物的层次感，是许多其他的调味料无法替代的。

简单的茶食料理不需要复杂的食材和工具，在家就可以轻松完成，只要几片茶叶或一杯茶汤，就能给常规食物带来别样的风味，满足健康和美味的双重需求。家里的厨房常备几款茶，在平时就可以做出富有风味的料理。

八道简单易学的菜谱，可以在家里的厨房试试。

1. 大红袍山药汤

配料 山药500克切小块、红薯100克切小块、百年蔗红糖10克、老姜1片。大红袍热茶汤500毫升。

做法 水适量烧开后，放入山药、红薯及姜片，重新烧开，再用中小火炖煮5分钟。将冲泡好的热茶汤加入山药汤内，并加入百年蔗红糖，用小火略煮入味即熄火装碗。

注：武夷岩茶和红茶均可尝试。

2. 肉桂小排

配料　猪小排500克、冰糖少许、油1大匙、青红酒1小匙、水500毫升，酱油1大匙。武夷肉桂热茶汤300毫升。

做法　猪小排洗净，剁成约3厘米小段。炒菜锅内加油烧热，放入猪小排及冰糖，用中火翻炒数下，青红酒自锅边淋下，加酱油并加1杯水炒匀。加盖，用中小火煮10分钟，改小火烧煮20分钟，再加入现泡的热茶汤翻炒数下，即熄火。继续焖15分钟即可起锅装盘。

注：武夷岩茶均可尝试。

3. 水仙果仁饼

配料　全麦面粉300克、水仙茶末1小匙、鸡蛋2个、油少许、鲜奶200毫升、各种果仁一共半杯（含：燕麦片、葡萄干、松仁……）盐适量，山茶油1小匙。

做法　鸡蛋打散成蛋液。面粉、茶末及什锦果仁先混合，再加入蛋液、鲜奶及油，加盐，搅拌均匀。不粘锅烧热，放油烧至七分热。拌好的蛋液入锅，煎成圆饼状，用小火煎至一面金黄色之后翻面继续煎，两面呈金黄色即可。最后起锅，切片，装盘。

注：武夷岩茶均可尝试。

4. 白茶蛋包（两人份）

配料　鸡蛋 3 个、新鲜竹笋半根、西红柿 1 个、香菇两朵发开、焯熟的豌豆少许、盐适量、山茶油 1 小匙。白茶茶末 1 小匙。

做法　竹笋、西红柿、香菇、切成细丁。锅内放油烧热，竹笋入锅炒熟，再加入西红柿、香菇、豌豆、茶末及盐拌炒数下起锅备用。将鸡蛋打散成蛋液。不粘锅烧热，放油烧至七分热，舀 1 大匙蛋液入锅使成圆形，用小火煎至蛋液稍凝固，加入炒好的馅料，然后铲起半面蛋皮包住馅料成大饺子形，再翻面煎至两面呈金黄色起锅，装盘。

5. 白茶虾

配料　鲜虾 500 克 ，葱花适量。白茶 10 克。

做法　鲜虾剪去须，并挑去虾线洗净。虾与茶叶同时入锅，放少量水，用中火煮至虾熟即可起锅装盘。

6. 红茶泡饭（一人份）

配料 米饭 150 克、三文鱼 50 克、海苔末少许、葱花适量、盐适量、熟白芝麻少许、盐渍梅子 1~2 粒。红茶茶汤 300 毫升。

做法 三文鱼煎熟切成薄片备用。热米饭放入碗中，将三文鱼片铺在米饭上，撒上海苔末和白芝麻，放上梅子。把准备好的红茶茶汤倒入碗中，汤汁的量以刚好没过米饭大部分为宜。用筷子轻轻搅拌均匀，让米饭充分吸收茶汤的味道，就可以享用美味的红茶泡饭了。

注：可以用各种茶尝试不同的茶泡饭。

7. 红茶汤圆（两人份）

配料 汤圆 250 克，干桂花少许。红茶热茶汤 500 毫升。

做法 水煮开放入汤圆，煮至浮上水面熟透捞出放入现泡的热茶汤内加入干桂花即可装碗。

8. 红茶茶冻和水果的沙拉

配料 白凉粉 2 小匙，奇异果、木瓜、草莓、葡萄干适量。红茶热茶汤 500 毫升。

做法 白凉粉与红茶汤煮开搅拌后放入容器至凉后结冻，也可放置冰箱冷藏室使茶汤凝固。草莓洗净、奇异果及木瓜去皮，切块。将茶汤冻切块所有水果料轻轻拌匀，装盘。

茶食料理具有创意性，在家里的厨房可以尝试不同的茶品和食材的组合。探索茶在料理中的应用，既能增添烹饪乐趣，又是一种培养个人审美和味觉的过程，帮助在日常生活中增添新意。日常茶食料理的制作中，可以体会茶道中的“平常心”和“随性”，带来放松和自我调节的体验，也会提升家庭聚餐的文化氛围。

参考文献

[1] 《元次山集》，北京，中华书局，2022 年。

[2] 董天工：《武夷山志》，江苏古籍出版社，2000 年。

[3] 王联文：《游武夷名山品武夷茶宴》，《旅游纵览》，2007 第 10 期。

[4] 赵爱玉：武夷山《朱熹及其理学遗迹考》，《南方文物》，2007 第 4 期。

[5] 郑秀清：《武夷山水铸诗魂—试论朱熹的武夷山诗作》，《福建金融管理干部学院学报》，1994 年第 3 期。

[6] 吴剑豪：《文化叙事与饮食共情：朱子家宴的具身意涵及其旅游融合》，《武夷学院学报》，2024 年第 5 期。

[7] 夏丽娜：《立春、雨水：春之始，发陈之时》，《中医健康养生》，2022 第 2 期。

[8] 高继明：《惊蛰养生技巧要学会》，《湖南中医杂志》，2022 第 3 期。

[9] 刘绍贵：《清明谷雨・养肝调脾》，《中医健康养生》，2021 第 4 期。

[10] 《立夏・小满》，《中医健康养生》，2023 年第 5 期。

[11] 谢亚丽：《二十四节气之芒种东风染尽三千顷》，《中国食物与营养》，2024 年第 6 期。

[12] 燕声：《小暑后注意清热防暑》，《保健时报》，2024 年 7 月 11 日。

[13] 王雷主编：《二十四节气顺时养生法》，北京：化学工业出版社，2015 年。

[14] 王美华：《露从今夜白肺宜自此养》，《人民日报海外版》，2024 年 9 月 6 日。

[15] 《寒露养生》，《湖南中医杂志》，2021 第 9 期。

[16] 周妍：《万物闭藏养肾阳》，《中医健康养生》，2019 第 11 期。

[17] 《大雪时节饮食养生》，《湖南中医杂志》，2015 第 12 期。

[18] 《二十四节气小寒・大寒》，《中医健康养生》，2022 第 1 期。

第七章

茶与茶食的美学

本章概述

茶与茶食的境界不仅限于饮品和食物本身的品质与味觉，而是可能通过视觉、触感和文化等多重维度，带来一场丰富且细腻的感官旅程。

第一节
本真最好

茶与茶食的本真在于追求天然与质朴，去繁就简，回归食物本身的纯粹。

从食物设计的角度来看，本真涉及对食物的真实和对自然与文化根源的尊重。这种理念在茶与茶食的设计中尤为重要。

食材的选择

食材来源的选择体现了人们对自然的尊重和对可持续生活方式的追求。

使用本地新鲜的食材不仅能保证食物的风味与营养，也能反映出当地的文化和传统。季节性食材的使用可以让人们更深入地感受到自然的变化与地域特色。

选择天然、无添加的食材，强调对健康与环境的关注。

选择有机茶和茶食不仅是对健康的关照，也是对环境保护的支持。

制作工艺

通过传统的手工艺制作茶与茶食，保留工艺的独特性和传承感。在设计茶食时，可以参考传统食谱，保持其经典的风味与做法，强调文化的延续与真实性。

茶叶的加工过程[1]和茶食的制作技艺都是经过数百年传承下来的工艺，体现了匠人对质量和工艺的执着追求。科技进步使现代的制作工艺为传统茶叶和茶食注入了新的元素，比如冷泡茶、创意茶饮等，既保留了传统的精髓，又满足了现代消费者的多样需求[2]。

茶与茶食制作过程中要考虑到品尝时的多重感官体验，包括视觉美感、嗅觉享受和味觉层次的结合，增强人们对食物本真的感知。

文化根源的尊重

茶与茶食深植于各地的文化中，习惯和生活态度会影响人们的日常行为和思维方式。茶与茶食设计中的名称、历史渊源、个人情感与故事使每一份茶与茶食都具有独特性和真实感，可以帮助人们更好地理解和体验食物的文化价值。

本真是一种行动的态度。

你参加过茶与茶食的设计吗？有哪些细节让你印象深刻呢？

第二节
是日常的仪式

味觉是个体化的生理感受，也是文化和情感的传承[3]。味觉基因承载了与土地和传统紧密相连的饮食文化以及个人与家族的历史印记。茶与茶食的审美不仅关乎味道，更关乎记忆和情感的唤醒。茶与茶食带有一种庄重却不失轻松的仪式感，每一口茶、每一种茶食，都可能唤起深植于心底深处的味觉印象。

将日常、商务、外交和文化交流结合起来谈“茶与茶食是日常的仪式”[4]，可以从多个角度探讨其共同的文化内涵与功能。

生活的日常

茶与茶食的分享是人际交往的重要部分，家庭聚会、朋友聚餐，茶成为沟通和情感交流的桥梁。在共享的时光中，人与人之间的关系得以加深。在个人生活中，茶与茶食成为一种自我关怀和放松的方式。这种日常的仪式感不仅提供了身心放松的时刻，还培养了对生活细节的关注和珍惜。

商务的场合

在商务环境中，茶与茶食的仪式感同样重要。接待客户时，提供精心挑选的茶与茶食，可以传达出企业的专业与热情。商务会议中的茶歇时间，是工作与社交的结合，也提供了一个轻松的交流环境，促进团队成员和客户之间的沟通。这种仪式感使商务活动更具人情味，有助于建立信任和长期的合作关系。

外交的仪式

在外交场合，茶与茶食更是文化交流的桥梁。通过分享各国的茶文化，可以加深彼此的理解与尊重。在正式的外交接待中，提供当地特色的茶与茶食，不仅体现了主人的热情，也展示了本国的文化和传统。这种仪式感有助于在严肃的外交场合中增添温暖，使交流更加顺畅。

共同的文化价值

在这三种场合中，茶与茶食的仪式感都强调了以下几点：

时间的专注。无论是个人的自我关怀，还是商务与外交中的交流，泡茶和享用茶食的过程都需要时间的投入，体现对当下的关注与尊重。

人与人之间的连接。茶与茶食提供了一个社交的场合，能够增进人与人之间的关系，无论是家人、朋友，还是商业伙伴与外交客人。

文化的传承。茶文化在不同的背景中都有其独特的表现，分享茶与茶食是传承和弘扬文化的重要方式，有助于增进不同文化之间的理解。

融合与创新

在现代社会中，茶与茶食的仪式感也在不断融合与创新。个人可以将不同国家的茶文化结合起来，创造出独特的饮茶体验；商务场合中，可以结合地方特色，提供具有地方文化的茶食；而在外交中，通过茶与茶食的共享促进跨文化的对话与合作。

茶与茶食在日常、商务、外交中都承载着丰富的仪式感，使其成为连接人们的情感和传递文化、增进理解的重要载体。在不同的场合下，这些仪式感展现出各自的独特魅力，同时也在不同的文化背景中找到共鸣。

你有没有在这些方面的具体经历或者感受?

第三节
空灵与留白

东方艺术常常提到“留白”[5]。茶与茶食的美学重视空间与意境。茶道的器皿、茶食的摆盘，甚至是茶水的颜色，都注重空灵之美，给人留下思考和想象的余地。这种留白不仅是视觉上的，更是精神上的，它让人感受到生活中的无形之美与未尽之意。

器皿的选择

茶道中的器皿不仅仅是实用工具[6]，更是美学的体现。选用简单、优雅的茶具和食具，可以让茶与茶食的色泽和香气成为视觉和嗅觉的焦点，而器皿本身则通过其简约设计，增强了整体的氛围，创造出一种空灵的美感。

茶食的摆盘艺术

在茶食的摆盘中，留白可以让每一款茶点独立而又相互呼应。适度的空隙不仅让人感到清新，也让每一口茶食的品味成为一种享受，增强整体的观感与体验。

通过对茶食形状与色彩的精心搭配，可以在视觉上形成一种和谐，留白让人们有机会去思考茶与茶食之间的关系，体验更深层次的美。

茶水的颜色与意境

不同茶水的色泽从淡黄到深红，各有其独特之处。茶水的颜色不仅是味觉的预示，更是视觉上的享受。透过杯子，可以观察到茶水的变化，留给品饮者思考和感悟的空间。当茶水与茶具相映衬时，颜色的对比与和谐产生一种对话，让人在品茶时能够不仅仅停留在味道，更能感受到心灵上的触动。

精神上的留白

留白是视觉的艺术，也是精神的体验。在享用茶与茶食的过程中，无形之美的感知使人们有机会反思和感悟，思考生活中的更深层意义，体会那些未尽之意。

留白鼓励人们享受这一刻的宁静，在日常生活中找到内心的平静与满足。

留白的理念增强了体验的深度，让人们在茶与茶食的品尝过程中，感受到更为丰富的生活内涵。留白的空灵之美如同无声的对话，引导我们更深入地认识自己与世界。

你是否有过“留白”的体验？

参考文献

[1]　李良清:《武夷岩茶传统手工艺传承》,《蚕桑茶叶通讯》,2020 年第 2 期。

[2]　耿立波:《冷泡茶研究进展及市场前景分析》,《中国茶叶》,2024 第 6 期。

[3]　张帆:《传统茶礼仪文化及其文化内涵》,《福建茶叶》,2023 第 5 期。

[4]　王嘉睿:《茶文化的内涵及历史使命研究》,《福建茶叶》,2022 第 5 期。

[5]　王凯悦:《中国古代“空白”美学研究》,硕士学位论文,山西大学文艺学专业,2023 年。

[6]　张世君:《中国传统茶礼仪文化与器皿的应用设计研究》,《美与时代(上)》,2016 第 2 期。

第八章

24 个问答，
给茶小白和爱茶人士的帮助和指导

本章概述

从合理饮茶到选择健康茶食的建议帮助你在享受茶的同时，也能更加注重健康和生活品质。24个问答作为一份实用且内容丰富的茶与茶食搭配指南，既适合初学者学习基础知识，也适合资深爱好者深入探索、丰富茶文化体验。

Q1 茶多酚是什么？茶的重要成分还有哪些？

茶多酚是茶叶里多酚类化合物的总称，是茶叶中最重要的功能成分之一，对茶的口感和香气有着重要的影响。它们包括儿茶素、黄酮类等多种化合物。茶多酚中的儿茶素类，尤其是没食子酸（EGCG）等成分，在高浓度时会给茶汤带来明显的苦味。茶多酚与唾液中的蛋白质结合会带来涩味，导致口腔内黏膜的收敛感，这种味道在浓茶或茶叶长时间浸泡时更为明显。

适量的茶多酚可以使茶汤呈现一定的清新和提神效果。另外，茶多酚的结构特性决定了它具有抗氧化的作用，并且还有抗衰老、抗肿瘤、降低胆固醇、防治心脑血管疾病、抗菌抗病毒等作用。

茶的另外两个重要成分是咖啡因和氨基酸。

茶叶中含有适量的咖啡因，咖啡因是一种天然的刺激性物质，能提神醒脑，增强注意力和专注力，并具有一定的利尿作用。但是，长期过量摄入咖啡因可能会产生不良的影响，例如睡眠问题、心率加快等。因此，合理控制咖啡因的摄入量是很重要的。

茶叶中还含有多种氨基酸，如茶氨酸、天冬氨酸等。这些氨基酸对人体具有营养作用，能增强机体的免疫力和抵抗力，促进新陈代谢。茶氨酸也对调节中枢神经系统具有一定的作用，有助于安神、助眠，提高注意力和思维能力。

Q2 为什么会出现“醉茶”现象？可以通过搭配什么茶食来缓解醉茶？

茶叶生物碱中的咖啡碱具有增强大脑皮质的兴奋程度及减少疲乏感等生理功能。但过浓和过量都容易“醉茶”，主要是由于当大脑皮质过度兴奋时易导致自主神经系统（ANS）功能失调，表现为心悸、站立不稳、四肢无力、手足颤抖、精细工作效率下降、头晕、胃不舒服、想吐及饥饿等现象。

在喝茶时适量搭配茶食可以有效预防茶醉。如瓜子、锥栗等，可以减少茶碱的吸收，缓解“醉茶”症状，也可以选择枣泥糕、凤梨酥、巧克力等小甜点。这些食品既可补充钠离子，又能增加血糖，这样可以降低出现“醉茶”的概率和缓减“醉茶”。

Q3 当下的人们越来越注重健康，健康的茶食有什么标准？

与茶相匹配是茶食主要标准。

健康的茶食必须是原材料新鲜、口味适中、质量安全。

Q4 “茶食品”与“茶功能食品”有什么样的区别?

茶食品是以茶叶或其提取物为主要成分的食品，强调茶叶的独特风味，但不一定具有特定的功能性。

茶功能食品是以茶叶或其提取物为基础，添加或不添加其他功能性成分，能够提供健康益处的产品。这类食品通常通过科学验证，具有明确的保健功能。

Q5 吃完茶食需要漱口之后再品茶吗?

对于一些有强烈口味或者油腻感的茶食，漱口后再品茶是一个好的习惯。这是因为茶食可能会在口腔留下余味或残留物，影响品茶的口感和香气。

漱口可以用清水漱口或者含漱口水来去除口中的残留物，清洁口腔并恢复味觉。漱口后再品茶，可以让茶的味道更加纯净，减少茶和茶食之间的干扰。

然而，并非所有茶食都需要漱口后再品茶。如一些轻口味的茶食对茶的口感影响较小，可以直接品茶。

Q6 茶食对茶的品鉴有影响吗?

平时饮茶都可以吃茶食，但是在单纯品鉴茶和评茶的情况下，不建议吃茶食。

品鉴茶的目的是通过观察茶叶的色、香、味、形来体验茶叶的品质。如果在品鉴茶的过程中用茶食，可能会影响对茶的客观评估。

茶食通常为甜食、酸食或咸食，食用后可能会改变口腔环境，从而影响对茶的口感和香气的感受。

Q7 茶食在喝茶前吃？还是品茶以后再吃？哪个效果更佳?

一般来说，在喝茶前用茶食效果更佳。

喝茶之前用茶食可以开胃增食欲并降低一些茶的苦涩味道，提升整体的口感，有时候茶食的口感和茶的香气、滋味相配合，还可以使茶的品尝体验更加丰富。

Q8 一般在喝茶的什么阶段吃茶食?

第一种 喝第一杯茶之前是最常见的吃茶食时间。在品尝第一杯茶之前，可以先吃一些茶食，让味蕾和胃部准备好去品尝茶汤。

第二种 在品尝完一道茶之后。可以吃一些茶食，去除前一杯茶的余味，为下一道茶的品尝做准备。

第三种 在品尝不同种类或批次的茶之间，吃一些茶食有助于中和口感，提升茶的品味体验。

Q9 武夷山的茶食和茶宴有何特点?

武夷山的茶食和茶宴已经成为武夷山茶文化的重要组成部分，人们品尝茶食、茶宴的同时也在享受茶香和茶韵，体验武夷山自然与文化的氛围。

武夷山在制作茶食和茶宴时很注重对当地食材的使用。茶食和茶宴已经渗透到当地的日常生活中，成为一种饮食文化和社交活动，人们常常会在茶馆、茶室或家中和户外煮茶时品尝茶食和茶宴。

Q10 茶食作为伴手礼时有没有什么需要注意的事项?

茶食种类繁多，不同地区和民族都有自己的茶食文化。在选择茶食时，应该了解其种类和特点，并根据对方的喜好和文化背景来选择合适的茶食。

茶食的质量对其口感和风味影响很大。在选择茶食时，应该注重其原料、制作工艺和贮存方式等，确保质量。

选择与茶叶搭配的茶食。在选择茶食时，可以考虑与茶叶的种类和特点进行搭配，使其更符合受赠者的口味。

Q11 有高血糖的人可以食用茶食吗?

高血糖者应避免糖分较高、油脂含量较高的茶食，并建议选择上午或下午茶的时间食用，以免影响正餐的饮食结构。

Q12 怀孕期间可以吃茶食吗？

孕期可以适当地享用一些茶食，但需要注意选择茶食类别和食用的时间节点。

注意事项：

选择食用的时间节点 妊娠前3个月遵医嘱，这个阶段是胎儿脑神经发育的关键时间。

选择健康的茶食 避免选择过于油腻、高糖或腌制食品。

控制食用量 不要过度依赖茶食，以保证均衡的饮食。

注意卫生和新鲜度 确保茶食的卫生和新鲜度，避免食用存放时间过长的食品。

每个孕妇的身体状况和需求不同，如果你有特殊的营养需求或者对某些食物过敏，最好在食用茶食之前咨询医生建议。

Q13 喝茶可以延缓衰老吗?

关于茶多酚抗衰老效果的实验，已有多项研究和报告提到其强效的抗氧化和清除自由基的能力。据研究结果显示，茶多酚的抗衰老效果被认为比维生素 E 强 18 倍。这项实验通常引用的是日本学者奥田拓勇的研究成果，指出茶多酚在延缓皱纹形成和促进皮肤细胞更新方面具有显著效果。

茶多酚的强抗氧化性被广泛认可，研究发现其不仅能清除自由基、阻止脂质过氧化反应，还对心血管和免疫系统提供保护，进一步增强了它在抗衰老领域的应用潜力。该结论来自多方研究，表明茶多酚对人体的抗氧化作用远高于其他常见的抗氧化物质。

Q14 茶食适合代替早餐吗?

除广式早茶外，不建议直接用茶食代替早餐。早餐是一天中最重要的一餐，应该包含足够的碳水化合物、蛋白质和脂肪等营养物质来满足身体的需要。

Q15 什么茶食适合减肥人士食用?

粗、高纤维的茶食适合减肥人士食用。粗纤维食物可以增加胃肠蠕动、促消化，从而达到减肥的效果。除此之外，粗纤维食物当中脂肪及糖分含量都较低，有利于预防心脑血管病。

推荐茶食:

杂粮类茶食: 燕麦饼干、紫薯饼、山药糕、绿豆糕等。

坚果类茶食: 锥栗、松子、杏仁、核桃等。

Q16 带有辣味的食品可以作为茶食吗?

带有辣味的食品可以作为茶食的一部分。带有辣味的茶食有很多种，如辣味酥、麻辣豆干、香辣牛肉干、辣味凤爪等。这些茶食通常由面粉、肉、蛋、豆类、坚果等原料制成，再加入一些辛辣的调味料如辣椒、芥末、蒜泥等，烤制或炸制而成。这些带有辣味的茶食味道鲜美，口感酥脆，与茶的清香和味道融合，形成独特的口感，相辅相成，让人回味无穷。

Q17 一些高糖、高脂肪、高热量的茶食与茶搭配之后会相对而言健康吗?

高糖、高脂肪、高热量的茶食通常不被认为是健康的选择，尤其当与茶一起搭配时。

虽然茶本身有一些益处，如富含抗氧化物质和对健康有益的物质，但茶的益处可能会因高糖、高脂肪和高热量茶食的搭配而减弱或抵消。高糖饮食会导致血糖水平迅速升高，并引发血糖波动，对血糖控制不利，特别是对于糖尿病患者或者有代谢问题的人来说更加不利。

如果想享受茶食，建议选择低糖、低脂肪、低热量的茶食。

Q18 英式下午茶与中国日常饮茶时的茶食有什么区别?

英式下午茶和中国日常饮茶时的茶食有不同的茶和茶食选择,不同的用餐时间和文化背景。每种方式都强调与茶的相配和品味,但在口味和风格上有显著的差异。

茶的种类

英式下午茶通常配以英国红茶,如伯爵茶、英式早餐茶等,一般用牛奶和糖调味。茶的口味比较浓郁。

中国人日常饮茶时,茶的种类非常多样,包括绿茶、白茶、乌龙茶、黄茶、红茶、普洱茶等。通常中国茶是不加牛奶和糖的,以便更好地品味茶的原本风味。

茶食的种类

英式下午茶的茶食包括司康、奶油茶饼、小蛋糕、三明治、饼干、鲜果、糕点等。这些茶食通常较甜。

中国人日常饮茶时的茶食多样,但通常较清淡,传统的茶食如酸枣糕、绿豆糕、枣泥糕、鲜果、蜜饯等。中国的茶食更多地强调与茶的相配,以突出茶的风味。

用茶时间

英式下午茶通常在下午 15:00 至 17:00 之间。

中国人日常饮茶没有特定的时间限制,可以随时进行,但早晨和下午是常见的时间段。

茶文化和礼仪

中国茶文化有悠久的历史,强调礼仪和仪式感,茶艺的形式多样而丰富多彩。

英式下午茶也有其特定的礼仪,如茶食的摆放方式和用餐顺序,但相对中国的茶道来说更简单。

Q19 茶食具有地域性吗？不同地区对于茶食的偏好如何？

茶食通常具有地域性，不同地区对于茶食的偏好会有显著的差异。这些地域差异主要受到以下因素的影响：

本土食材 不同地区可获得的食材和农产品差异很大，这会影响茶食的成分和制作方法。例如，滨海地区的茶食可能更多地包括海鲜，而内陆地区的茶食可能更侧重于肉类和农产品。

传统味觉 地域性的味觉基因对茶食的发展和制作方式产生深远影响。例如，江南地区的口味清雅为主，部分沿海地区会用鲜味的鱿鱼丝，而川渝地区则有特色的如麻辣烤鱼作茶食搭配，还有西部地区的咸奶茶等。

茶文化 不同地区的茶文化背景也影响了茶食的选择。中国的茶食文化在不同地区有着不同的特色，如广东的早茶文化、福建的武夷山茶食和茶宴、浙江的杭州径山茶宴和陕西西安的清明茶宴等。

时令和气候 地理位置和气候条件也会影响茶食的偏好。寒冷地区可能更倾向于温暖、热烈的茶食，而炎热的地区可能更偏好清凉、清淡的茶食。

一些不同地区对茶食偏好的示例：

京津冀地区茶食品种较多，在不同的茶馆，茶食的种类各有特色。书茶馆的茶食以休闲零食为主，喝茶为次，茶食主要以瓜子、花生、杏仁等为主。

粤港澳地区的茶食精巧细致，讲究清而不淡，鲜而不俗，嫩而不生，油而不腻，五滋六味俱全。包括潮汕牛肉丸、潮汕肠粉、潮汕云吞面等，通常搭配潮汕工夫茶一起享用。受西餐文化的影响，烘焙类产品较多，形态较小，主要有各式的豆蓉馅饼、椰饼、绿豆糕、蛋挞等，另外还有多种蜜饯。

苏浙沪地区的茶食口味清淡以保持原汁原味、种类多样，每个地方都有自己独特的茶食，如杭州的西湖龙井虾仁、上海的小笼包、苏州的姑苏糕、豆酥糖等。苏浙沪地区的茶食不仅追求口感，还融入了一定的艺术元素，尤其注重茶食的造型、材料的选择等，以增加食物的美感。

福建省闽北地区的传统茶食多选用在地的食材制作，其中有五香笋干、锥栗、酸枣糕、糕子、杨梅干、莲子、桂花糕、茶酥、芝麻片、五夫饼、吊瓜子等，通常与岩茶，红茶、白茶一起品尝；闽南地区多喝乌龙茶，茶食使用各种原料和制作方法，以满足不同口味和场合的需求。闽南地区的茶食注重使用新鲜、优质的食材，如糯米、花生、豆腐、芋头、海产品大多使用传统调味料，如虾酱、鱼酱、豆酱、五香粉等，以赋予食物特有的风味和香气。在福建省，节庆或庆典时制作茶食常常是地方社交活动的一部分。

台湾地区有许多著名的茶食，如凤梨酥、杏仁饼、薄荷糖、蛋黄酥、芝麻糊、花生糖、黑糖糕、榴梿酥、椰汁鸡蛋糕等。

日本茶食以其精致、美味和独特的制作方法而闻名。在日本无论是在茶道仪式还是在咖啡厅中，都可以品味到各种美味的茶食。例：和菓子是日本传统的点心，通常在茶道仪式上享用。这些茶食有着美丽的外观，包括花朵、季节性图案和自然元素，由糯米粉、红豆、果冻和各种传统的和菓子成分制成；

抹茶中的绿茶粉末也用于制作各种茶食，如抹茶点心、抹茶拿铁和抹茶蛋糕；还有红豆点心、花卷、大福饼、甜品寿司等。

另外，法国茶食以其精致的糕点如马卡龙、爱士酥等而闻名，通常与红茶、咖啡一起享用；印度的茶食，如沙摩萨、包子、辣味食品，通常与大吉岭红茶、马萨拉奶茶一起品尝。

地理、文化和气候因素都对不同地区茶食的发展和偏好产生了影响，这使各地的茶食文化都具有不同的特色。

现代的茶食因为技术进步和文化交流，也因为社交媒体和互联网加速了传播和跨文化融合，加上食品供应链的全球化，使茶食设计者可以轻松地获得来自世界各地的原材料不断将不同产地食材的元素融入茶食制作中。茶食不再受到地域限制，人们可以在世界范围内享受各种不同风味的茶食。

Q20 中国现代的茶食和传统的茶食有什么不一样？

中国现代的茶食在制作方法、食材选择、口味趋势和创新方面有一些不同于传统，这种变化反映了饮食文化的演变以及消费者口味的多元。不过，传统茶食仍然在中国各地保持着重要的地位，而现代茶食则代表了当代的创新和多样性。

以下是它们之间主要的不同之处：

制作技术

传统茶食通常注重手工制作和传统工艺，包括擀面皮、包馅、蒸、炸、糕点皮的制作等。这些茶食制作方法经过几代人的传承，强调传统技艺。

现代茶食更多地受到烘焙技术和创新方法的影响，制作茶食的工艺可能更加精细，并利用现代设备和材料，以满足不同消费者的需求。

食材选择

传统茶食通常使用当地和季节性的食材，例如糯米、蔬菜、肉类、豆腐、花生等。食材选择受到地域特色和传统口味的影响。

现代茶食可能会更多地采用国际化的食材和调味料，创新性地融入各种元素，包括巧克力、奶制品、坚果、水果等，以迎合现代消费者的口味。

口味趋势

传统茶食通常以传统的味道为主，强调清淡、甜、咸、鲜等口味，以符合传统的食物搭配。

现代茶食可能更加多元化，口味更广泛，可以包括甜、咸、酸、辣等各种风味，以满足现代人对多样化食物的需求。

创新和外观

传统茶食通常注重传统的制作方法和外观，追求精致和传统的美感。

现代茶食在外观和创新方面更具灵感，可能采用创意的装饰和摆盘，以吸引更多的消费者。

保护传统茶食对于维护文化多样性和传承重要文化遗产非常必要，这有助于保留各地独特的食物和文化传统，同时有机会使更多人能够品尝和体验这些美味的食品。

现代茶食的研发是一个充满创意和机会的领域，在探索健康和可持续食品、强调地域和文化特色、促进食品加工技术的进步过程中，可以满足不断演变的食物趋势和消费者的期望。

Q21 为什么人们会说“红配甜，乌龙配酸咸”？

除了“红配甜，乌龙配酸咸”，人们还常说“红配酸，白配淡，瓜子配乌龙”，这些口诀反映了传统地域性的茶食适配原则。尽管这个口诀不是硬性规定，但是经过现代实验室的电子舌测试，有一定的依据，口诀强调了茶和不同食物之间的搭配以提升更好的口味协调。

红茶的口感普遍特征是温顺、醇和，与甜味的点心一起享用，可以很快增加愉悦感；与酸食品（如酸枣、柑橘、柠檬、酸奶等）一起食用可以平衡厚重感。当然红茶作为全球普适性最强的茶类，饮用方式和茶食搭配的方法还可以有更多种。

白茶的味道通常比较淡雅，不会过于浓烈，因此与淡味食物（如清汤、白切肉、清淡蔬菜等）的搭配可以更好地凸显茶的细腻和清新。

乌龙茶通常具有花香、果香、浓香等多样的风味特点，与瓜子、杏仁等有咸香风味的坚果一起享用可以在咀嚼过程中品味茶的丰富风味，相互衬托。乌龙茶和酸味食物相互弥补，可以提供更平衡的口味体验。作为世界乌龙茶的发源地，武夷山地区有多种多样的当地茶食匹配岩茶。

个人口味因素和地域差异也会影响茶食的搭配选择，口诀的建议有助于人们更好地体验茶和食物的味觉交融和碰撞。

Q22 著名的大红袍茶叶蛋是怎么煮的?

在武夷山大红袍景区，走岩骨花香漫游道会看见六棵母树大红袍，同时会遇到茶香浓郁、口感嫩滑、咸味适中、鲜美令人难忘的大红袍茶叶蛋。

大红袍茶叶蛋的食谱：

食材　鸡蛋（根据需要，每次可煮一定数量的鸡蛋）、武夷山大红袍茶叶、酱油、水、香料（八角、桂皮、香叶，可以根据个人口味添加）

步骤一　将鸡蛋放入锅中,加足够的水,确保鸡蛋完全覆盖。将水烧开，然后继续煮沸约 10~15 分钟。

步骤二　煮熟的鸡蛋取出，轻轻敲碎蛋壳，但不要剥开。

步骤三　在锅中加入足够的水,然后加入茶叶、酱油和香料,根据个人口味和茶叶的种类，可以调整茶叶和酱油的比例。

步骤四　把煮熟的鸡蛋连同鸡蛋壳一起放入茶叶汤中，确保鸡蛋完全浸泡在茶叶汤中。

步骤五　将茶叶汤烧开，然后降低火力，继续焖煮约 30 分钟至数小时，时间越长，茶叶味道越浓。

步骤六　关火后，让茶叶蛋在茶叶汤中冷却，使茶叶和酱油的味道渗透到鸡蛋内部。可以将茶叶蛋放入冰箱冷藏三五个小时，以增强味道。

步骤七　剥去鸡蛋壳，即可食用。

大红袍茶叶蛋的制作方法可以根据个人口味和偏好进行配料和时间长短的调整。茶叶蛋通常具有茶叶的香气和特别的味道，当然也可以尝试用其他类别的茶叶煮茶叶蛋。

Q23 陈皮煮老白茶是不是新茶饮？

不是新茶饮。

陈皮煮老白茶是一种传统的经典茶饮，特点是老白茶带有独特的味道，有某种程度的陈香和甜味，而陈皮则为茶增添了柑橘香气，使茶滋味更加丰富。

陈皮煮老白茶结合了老白茶和陈皮的特性，这两者在传统中药学和中医保健领域都有一定的药用价值，茶汤不仅有茶的利肠通腑的功效，同时还有陈皮的理气化痰功效。

Q24 茶食可以出现在哪些不同的场景?

茶食本来就是一种受欢迎的休闲食品，可以出现在各种不同的场景和情境中。

办公室 许多人在办公室里享受茶食，这可以作为下午茶的一部分，或者是一种在工作中放松的方式。

家庭 茶食也是家庭聚会和休闲时光的理想选择。家庭成员可以一起品味茶饮和各种茶食，共享愉快的时光。

茶馆 显而易见，茶食经常在茶馆中供应，通常与茶的类型和风味相匹配，提供了一种更加深入的茶文化体验。

旅行 茶食也是旅行中的好伴侣。无论是在飞机上、火车、轮船上，还是在旅馆房间里，人们可以随时品味茶和茶食。

社交聚会 茶食可以在各种社交场合中出现，如生日派对、聚会、婚礼和庆典等。

咖啡店 一些咖啡店也提供茶食，以满足更多不同的选择。

户外活动 茶食也适合户外活动，如野餐、露营和远足。它们易于携带，可以在户外享受茶的休闲。

网络会议和虚拟社交活动 在一些轻松气氛的现代远程工作和虚拟社交活动中，边吃东西边开会，茶食也成了一种与他人在线交流时的随手选择。

一个人的任何时光 减压也好怡情也好，茶食都是美妙的陪伴。

如果你也想参与茶与茶食场景和情境的讨论，那么请在书后的问卷中给我们留言吧。

后记

生长的力量

福建省的地形以山地为主，被称为“八山一水一分田”，省内森林覆盖面广，空气清新，水质优良，生物多样性丰富。因为地处亚热带季风气候区，具有温暖湿润的气候特点，雨量充沛，四季分明。

福建的山区，尤其在闽北的武夷山地区，由于地形和气候的特殊性，对高品质茶叶和其他经济作物的生长极为有利。

武夷山是世界乌龙茶和红茶的发源地。茶区的代表性茶品种包括大红袍、水仙、肉桂等岩茶，以及以正山小种为代表的红茶。岩茶因其“岩骨花香”风味而广受欢迎，红茶则以醇和、甘爽的口感著称。武夷山地区同时也盛产白茶。

福建是产茶大省。武夷山的茶业不仅在国内占有重要地位，还在国际市场上享有盛誉。近年来，当地茶企和农户积极推动生态友好的种植方式，并结合现代技术提升品质，使武夷茶更具市场竞争力。与此同时，武夷山茶文化以其深厚的历史积淀吸引着世界各地的朋友前来探访交流，进一步推动了武夷山茶的全球影响力。

《中国武夷茶与茶食》是在南平市委、市政府指导和支持下，武夷山市委、市政府提出对武夷茶与茶食进行专题研究，并出版本书，福建省海峡文旅创意产业协会接受委托为此成立工作小组，我和丽莉有幸承担了本书的编著工作。

利用本地食材资源、文化传统和地域特色设计茶食，传承当地文化，带动地域一、二、三产业，乘数效应促进可持续发展，这是一件具有现实和有深远影响意义的事情。过去一些年，我经常在乡村，分出日常工作的一部分时间以 NGO 的方式参与乡村建设，对福建省的县域可持续发展有较多机会深入观察，包括茶产业的创新，特别是武夷山地区。丽莉近年来正在从传统中医视角结合时令、地域及本地食材利用，解读茶与茶食的关系。历经一年多时间的调研、茶食和茶宴研发，书写的同时对我们来说也是一个不断发现和学习的过程。

南平市的农特产品在品质和市场影响力方面持续提升，农业产业化和品牌化进程加快，为当地经济发展和农民增收作出了重要贡献。武夷山国家公园的设立，进一步推动了南平市在生态保护和绿色发展方面的实践，促进了生态产品价值的实现。南平市茶产业全链条产值达 445.1 亿元，占比超全省四分之一，其中武夷山市在茶产业方面业绩显著。我们在走访中看见武夷茶宴、朱子家宴、吴屯摆茶、新娘茶等民间的非遗得到很好保护和传承，众多茶企正在产品、品牌、渠道、体验、文化等做多方面提升，茶叶类合作社、家庭农场的长期保持活跃度，茶文旅人数日益增长。

特别欣慰的事情是不久前的一个大型茶业博览会上，推介活动现场遇到一群平均年龄 25 岁左右的武夷山地区小伙伴，他们大学毕业返乡接过父辈的茶园，满心欢喜，认真耕耘。看见他们的时候，感受到的是武夷山春天“茶发芽”时候生长的力量。

今年四月，我在洛桑学习，课间经常在这个美丽的欧洲小城 Citywalk。有一天路过一家很小的书店，醒目的书架位置上整整齐齐排列着中式线装书，其中有翻译成法语的中国唐代陆羽《茶经》和宋代徽宗的《大观茶论》，中国的传统文化被备受尊敬。回中国的时候途经苏黎世，在著名的班霍夫大街路过茶铺 PAPER&TEA (P & T) 。这家总部位于柏林的公司，是创始人 Jens de Gruyter 在亚洲茶产区广泛旅行后，于 2011 年决心将现代茶文化带入欧洲。行人们很难不被店外摆放的趣味标语：

“亲爱的，你喝咖啡，我喝茶。”（You drink coffee, I drink tea, my dear）给吸引。P&T 新的使命“蕴藏茶中的美丽内涵，应以一种更现代、直接的方式被体验。”茶在全球范围越来越多地成为迷人的新浪潮。

出书过程中，认识很多新朋友。+86 食物设计联盟秘书长池伟带领的未来食物设计工作室以创新食物设计研究为导向，致力于将食物设计学术研究专家、跨领域的设计师、科学技术人才、农人、主厨、食物生产企业、餐饮管理人士等聚在一起展开对话和合作。小罐茶联合创始人、艺术家于进江先生历时十余年时间，走遍祖国大江南北，行程 10 余万公里，从中国各地搜集而来 10000 余块中式点心模具，做了“于小菓点心模具博物馆”。还有 Tea'stone，一个当代纯茶新零售品牌，首创中国茶全品类“沉浸式体验新零售模式”，坚持守正创新，引领传统中国纯茶的当代化与年轻化。很期待未来中国武夷茶和茶食与他们的火花碰撞。

希望本书从可持续发展出发，通过茶与茶食的多维呈现，推进传统茶文化与现代茶和茶食品领域、食品科技结合，为茶与茶食在资源利用、绿色发展、生态平衡等方面提供有益的建议和支持。希望本书通过茶与茶食的发展，能给武夷山茶、文旅融合提供新的视觉参考，开辟新的赛道，为武夷山的城乡发展助力并为行业带来创新启迪。

在书籍即将出版之际，我们两位作者真诚地感谢编委会给予的帮助！感谢专家委员会杨江帆、石伟、陈爱平、庞杰、倪莉、吴雅真、陈郁榕、郭雅玲、周才琼、林忠、周萍等来自各领域的专家老师倾情指导，感谢武夷山刘国英老师专业分享，特别要感谢为本书辛勤审稿的柯家耀老师。同时感谢伦敦、洛桑、东京、新加坡和中国香港、澳门、台湾、北京、上海、广东、西安、内蒙古的朋友们给到的城市需求调查，感谢参与茶食研发工作的厦门佰翔、厦门珍好吃、福州素华、福州麦壳里、上海巧国源记以及武夷山当地的青年创业者，感谢福建省农林大学食品科学学院和福建省中医药大学的研究生团队，感谢社会各界为本书提供了宝贵的意见和建议。

由于时间关系、能力有限，不妥之处在所难免，恳请读者朋友们关注本书问卷继续参加讨论！

一起致敬武夷山的人与自然！

岑晓华

2024 年冬，福州

问卷

一起来聊聊武夷茶和茶食吧！

感谢您阅读《中国武夷茶与茶食》。我们希望借助您的宝贵反馈，探寻传统茶文化与现代生活方式的融合路径，提升武夷茶与茶食的影响力。您的参与将为我们提供宝贵的洞见，让我们能更加准确地满足茶爱好者及消费者的期待，问卷内容涉及您的茶饮偏好、茶食体验以及对武夷茶文化的理解，答题过程约需三分钟。您的信息将被严格保密，所有数据仅用于本次研究。诚挚感谢您的参与和支持！

扫二维码，完成问卷

《中国武夷茶与茶食》专家名录

◎ 作者

岑晓华

资深爱茶人，可持续生活方式倡导者。

中欧国际工商学院（CEIBS）工商管理硕士，并拥有中欧和瑞士洛桑酒店管理商学院（EHL）联合颁发的高级工商管理硕士学位。多年企业经历，从事文化交流、媒体出版、文创咨询、战略与品牌管理等领域相关工作。主要研究方向：可持续投资与ESG（环境Environmental，社会Social，治理Governance）管理，并致力于社区发展与青年赋能。十余年深入县、乡，对地方经济进行观察和思考，包括中国茶产业的创新，特别是福建武夷山地区。

林丽莉

海峡两岸茶业交流协会专家委员会委员。中医学博士，博士生导师，美国南佛罗里达大学访问学者。福建省中医药大学教授，福建省中医药科学院副院长、经络研究所所长，福建省中医体质调理学会会长。主要研究药食同源与经络体质调理，通过微信公众号、抖音、视频号等新媒体开展药食同源及中医科普知识宣传，影响百余万人的健康生活方式指导。作为茶文化的热爱者、研究者和传播者，近年来从传统中医视角结合时令、地域及本地食材利用，解读茶与茶食的关系。

◎ 审稿

柯家耀

海峡两岸茶业交流协会副会长、专家委员会委员。教授级高工，国务院特殊津贴专家，福建省优秀专家。福建省茶产业标准化技术委员会副主任，福建省食品安全促进会专家委员会主任委员、省食品安全专家库成员。主导创建海茶会团体标准平台和职业技能认定机构，为完善茶产业标准化建设和人才培育、认定作出积极贡献。长期从事食品科研和行业管理、服务工作。在核心期刊发表过多篇学术论文。主编出版《福建省食品工业“九五”计划和二〇一〇年发展规划》、参与编纂《福建茶志》（副主编）《福建名茶冲泡与品鉴》（副主编）等。

◎ 专家委员会

杨江帆

福建省科学技术协会原党组书记、副主席，福建省人民政府文史研究馆馆员。福建农林大学教授、博士生导师。全国优秀科技工作者，国务院政府特殊津贴专家，国家特色专业茶学专业带头人，中国乌龙茶产业协同创新中心首席专家，全国茶叶电子商务标准化工作组组长，全国茶叶标准化技术委员会花茶工作组组长，新中国成立 60 周年茶叶功勋人物、中华杰出茶人等。主要从事茶文化经济、茶与健康以及茶叶资源综合利用等研究。先后主持省部重大科研项目及课题 31 项，获得福建省教学成果特等奖、科学技术进步奖、社会科学优秀成果奖多项，发表学术论文 100 多篇。主编出版《中国茶产业发展研究报告（茶业蓝皮书）》、国家规划教材 6 部、茶学专著 10 多部，2 部分别获第 34 届华东地区优秀哲学社会科学图书奖二等奖、推荐阅读十大茶书。

石伟

福建省海峡文旅创意产业协会会长。海峡两岸茶业交流协会专家委员会委员，福建省乡村振兴研究会专家委员会委员。高级记者，曾担任经济日报驻福建记者站站长 20 年。福建师范大学客座教授，福建江夏学院客座教授。长期致力文化创意、文旅融合的品牌规划及运营推广，主导和实施福建及中国各地多个文创及旅游项目。

陈爱平

海峡两岸茶业交流协会副会长。曾任福建省委老干部局副局长，长期在福建省委办公厅接待处工作。任处长期间，负责党和国家领导人来闽的接待安排，外省党政代表团来闽的重要团组，以及外国元首、政要，港澳侨重要来宾来闽重大活动的安排。

庞杰

教授，博士生导师。留学美国哈佛大学物理系，南开大学陈省身数学研究所高访学者，享受国务院政府特殊津贴专家。福建农林大学食品科学学院院长，食品科学与工程一级学科博士后流动工作站站长。百千万人才工程省级人选，教育部工程研究中心副主任，福建省科技创新领军人才，国家自然科学基金委重点项目评审委员。主持国家自然科学基金面上项目 6 项，获国家发明专利 70 余项。先后在 Advanced Fiber Materials，ACS Applied Materials & Interface，Food Hydrocolloids 等国际权威学术期刊发表文章 200 余篇。主编出版《食品文化简论》《食品物流学》《食品化学》《食品质量管理学》等。

倪莉

无锡轻工大学食品科学博士，美国加州大学戴维斯分校访问学者，博士生导师。福州大学教授、食品科学技术研究所所长、食品营养与健康研究中心主任。福建省食品生物技术创新工程技术研究中心主任，福建省食品科学技术学会理事长，中国食品科学技术学会理事。主攻食品生物技术、功能食品和传统食品研究方向，已完成30多项科研课题，获福建省科技进步奖和中国食品科学技术学会技术进步奖5项，入选福建省科技创新领军人才，是“美国食品科技学会认证的食品科学家”。发表170余篇论文，获国家发明专利30项。指导学生获全国食品创新大赛奖50多项。

吴雅真

海峡两岸茶业交流协会专家委员会委员，茶艺专委会主任。整理创编“闽式工夫茶”18道程序，是开拓中国茶艺事业的领军人物。1990年在福建省博物院参与创办“福建茶艺馆”，是当时福建省对外茶文化交流的窗口。1993年创办全国第一家商业型茶艺馆“别有天茶艺居”。创办福州市雅真海峡茶艺职业培训学校（海峡茶学港），坚持培养茶艺人才，不断输出茶文化知识，长期从事茶艺师培养工作，向社会输送高质量茶艺师上万名。连续五届为海峡茶艺电视公开赛创编茶艺并担任大赛评委，输出优秀茶艺作品数百件。主编出版《乌龙悠韵》《红茶雅颂》。

陈郁榕

全国茶叶标准化技术委员会委员。质量专业高级工程师，国家一级评茶师，一级茶叶加工师，福建名优茶评审委员会专家组成员。原福建省茶叶公司副总经理。1997年至今，在产销区通过电视、报刊、互联网、视频教学等渠道，举办各种类型的培训教学活动，提高茶行业从业人员的加工、评茶技艺。参与撰写：《评茶员》国家职业技能教材。发表《试论福建乌龙茶在中国茶叶中的地位》《乌龙茶品质各因子的相互关系和审评技术要点》《细辨闽名优乌龙茶品质特征》等。主编出版《细品福建乌龙茶》《武夷岩茶百问百答》。

郭雅玲

海峡两岸茶业交流协会专家委员会委员。福建省科技特派员。首批遴选国家茶叶产业技术体系乌龙茶加工岗位科学家，中国茶叶学会感官审评与检验分析专业委员会主任，福建省茶叶学会副理事长。福建农林大学教授，曾任福建农林大学茶叶研究所副所长、茶学系副主任。参与制修订国家茶叶标准 2 项，行标、地标、团标多项。参加“专家快车行”“新型农民培育”等科教行动，深入山区开展技能扶贫工作。在从事茶学科教领域发表学术论文百余篇，主审教材《茶叶感官审评技术》《茶叶审评实验》等。主编出版《漫话福建茶文化》《茶文化与茶艺》。

周才琼

西南大学食品科学学院教授、原食品科学系系主任。重庆市营养学会常务理事。一直从事食品营养化学和茶叶化学的教学与科研工作，主要研究发酵食品、茶叶和新食品资源的营养及功能作用研究。主持和参加了部、省、市级多项科研项目。参与编写《学茶入门》《茶叶化学工程学》和《茶叶生物化学》。主编出版《食品营养学》《功能性食品》《食品标准与法规》等高校教材。

林忠

厦门大学管理学院工商管理硕士（EMBA）在读，2022 年被评为“第十九届福建省优秀企业家”。长期从事和研究茶和食品融合的创新应用。2001 年创办福州素天下食品有限公司，公司获高新技术企业称号，被评为省级企业技术中心、福建省素食行业标杆企业、福建省重点龙头企业以及福建省新一代信息技术与制造业融合发展新模式新业态标杆企业。

周萍

海峡两岸茶业交流协会理事。厦门大学生态学博士。福建农林大学茶叶科技与经济研究所研究员，全国有机茶标准委员会工作组组员。茶叶点评网创始人，致力于白茶、岩茶陈化理论与工艺研究。个人两项发明专利：《超声波超临界联合提取茶多酚工艺》《一种保健茶籽油及其制取工艺》。近十年来，通过微信公众号、抖音、视频号等新媒体开展茶知识科普宣传，影响十余万人的好茶辨识观。主导拍摄纪录片：《问路寻茶——挖掘茶文化的根与魂》。主编出版茶科普书《悦品闽茶》《悦品白茶》《悦品岩茶》《品福建乌龙茶》《武夷岩茶百问百答》。

武夷山国家公园 1 号风景道欢迎您

武夷山旅游经典攻略

鸣谢

福建省农业科学院

南平市环武夷山国家公园保护发展带工作领导小组办公室

南平市农业农村局

南平市商务局

南平市文化和旅游局

武夷山市农业农村局

武夷山市生态环境局

武夷山市文化体育和旅游局

武夷山市茶产业发展中心

图书在版编目（CIP）数据

中国武夷茶与茶食 / 岑晓华，林丽莉编著 . —— 厦门：鹭江出版社，2024. 11. —— ISBN 978—7—5459—2412—1

Ⅰ . TS971.21

中国国家版本馆 CIP 数据核字第 2024E9Q822 号

出 版 人： 雷　戎
责任编辑： 吴宇超
美术编辑： 朱　懿
装帧设计： 黄　丹
插图制作： 姜恩泽
摄　　影： 邱华文（武夷山）

中国武夷茶与茶食
岑晓华　林丽莉　编著

出版发行： 鹭江出版社
地　　址： 厦门市湖明路 22 号　　**邮政编码：** 361004
印　　刷： 福州印团网印刷有限公司　　**电　　话：** 0591—87881810
地　　址： 福州市仓山区建新镇十字亭路 4 号
开　　本： 700mm × 1000mm 1/16
印　　张： 14
字　　数： 224 千
版　　次： 2024 年 12 月第 1 版　2024 年 12 月第 1 次印刷
书　　号： ISBN 978—7—5459—2412—1
定　　价： 68.00 元